国家自然科学基金面上项目（51974173）资助
国家自然科学基金青年科学基金项目（52004147、51804179）资助
山东省自然科学基金青年科学基金项目（ZR2020QE129）资助
山东省重点研发计划项目（2019GSF111024）资助
“煤炭开采水资源保护与利用”国家重点实验室开放基金课题资助项目（SHJT-17-42.14）资助
泰山学者优势特色学科人才团队支持计划资助

# 采动底板构造活化灾变前兆信息辨识及突水机理

张士川　沈宝堂　李杨杨　孙文斌　宋维强　著

北　京
冶　金　工　业　出　版　社
2021

## 内 容 提 要

本书共6章，在介绍采动底板构造活化突水机理研究现状的基础上，详述了底板裂隙区域性特征及构造突水灾变模式、缺陷岩体单轴压缩强弱部分协同失稳特征，进行了大尺寸缺陷类岩石双向加载裂纹扩展及失稳信息分析、裂纹扩展致通水通道形成数值模拟及案例分析，并介绍了底板构造突水物理模拟试验及监测方法。本书内容对实现构造突水的预测预报及制定矿井防突水措施具有指导意义。

本书可供高等院校采矿工程专业的师生参考，也可供采矿工程领域的科研人员和企业生产、管理人员等阅读。

**图书在版编目(CIP)数据**

采动底板构造活化灾变前兆信息辨识及突水机理/张士川等著. —北京：冶金工业出版社，2021.2

ISBN 978-7-5024-8707-2

Ⅰ.①采… Ⅱ.①张… Ⅲ.①煤矿—矿井突水—防治 Ⅳ.①TD745

中国版本图书馆CIP数据核字(2021)第019284号

出 版 人 苏长永
地　　址 北京市东城区嵩祝院北巷39号 邮编 100009 电话 (010)64027926
网　　址 www.cnmip.com.cn 电子信箱 yjcbs@cnmip.com.cn
责任编辑 王梦梦 美术编辑 郑小利 版式设计 禹 蕊
责任校对 郑 娟 责任印制 李玉山
ISBN 978-7-5024-8707-2
冶金工业出版社出版发行；各地新华书店经销；三河市双峰印刷装订有限公司印刷
2021年2月第1版，2021年2月第1次印刷
169mm×239mm；10.5印张；205千字；160页
**66.00**元

**冶金工业出版社 投稿电话 (010)64027932 投稿信箱 tougao@cnmip.com.cn**
**冶金工业出版社营销中心 电话 (010)64044283 传真 (010)64027893**
**冶金工业出版社天猫旗舰店 yjgycbs.tmall.com**
(本书如有印装质量问题，本社营销中心负责退换)

# 前　言

煤炭是我国的基础能源，其中，中东部煤矿受深部岩溶水害威胁的煤炭储量超过150亿吨。随着煤炭资源开采深度的加深，煤层底板受深部高地应力、高地温、高岩溶水压及强烈的开采扰动耦合作用影响愈加明显，加之构造复杂，矿井突水隐蔽致灾因素与机理多变，导致煤层开采极易诱发严重的底板突水。因此，如何安全高效地采出深部高承压水上的煤炭资源，已成为我国中东部矿区实施绿色开采战略和建立安全高效能源体系面临的棘手难题。

煤矿生产过程中因断层、陷落柱等构造活化引发的突水是矿井水事故的主要形式。以往针对底板突水机理的研究往往集中于不同类型构造活化特征方面，忽略了不同构造活化引起完整围岩破坏与突水通道形成演化特征相关性方面的研究。鉴于此，本书详述了综合采用理论分析、室内岩石试验、数值模拟和物理模拟等方法，针对采场底板缺陷构造活化、异常物理信息辨识、围岩裂隙扩展突水机理及监测技术方面展开的一系列系统化的理论分析与基础试验研究成果。本书主要内容包括5个方面：(1) 底板裂隙区域性特征；(2) 突水灾变模式建立及突水判据确定；(3) 缺陷岩体单轴压缩强弱部分协同失稳特征；(4) 大尺寸含缺陷类岩石双向加载裂纹扩展特征及失稳信息分析；(5) 裂纹扩展致通水通道形成数值模拟及案例分析和底板构造突水物理模拟试验及监测方法。本书内容有助于深化对矿井底板突水机理的认识，实现对构造突水的预测预报，对矿井制定防突水措施及后期治理具有重大的经济价值和工程意义。

本书注重科学性、严谨性、实用性、先进性和系统性，内容主要以理论分析、室内试验为主，包含数值模拟和现场实际应用。同时，本书撰写过程中广泛收集和参阅了国内外有关资料和文献，在此特向参阅资料和文献的作者致以谢意。

由于作者水平所限，书中不妥之处希望各位读者和同仁批评、指正。

作　者
2020 年 5 月

# 目　　录

# 1 绪　　论

## 1.1 概述

煤炭是我国的基础能源。我国煤炭产量高居世界第一，在我国一次能源构造中占65%以上[1]。近年来，随着煤矿开采技术的提升和相关配套装备的不断升级，矿山资源开发力度也随之增大。随着煤炭资源的开采深度逐年增加，赋存于复杂地质构造中的煤层开采难度也日益加剧，同时，矿井开采过程中面临的问题相继增多，其中，采动底板突水就是亟须解决的难题之一。

我国的华北、华东等地区矿井水文地质条件相对复杂，随着开采深度加深，煤层底板受奥灰含水层承压水的威胁日益加重。由近10年相关资料统计[2]，我国重大突水事故发生52起，造成的直接经济损失多达30亿元，突水成为影响我国煤矿安全生产的重大隐患。以神华集团安监局相关数据统计为例[3]，近几年在神华集团53对开采矿井中，有22对矿井的水文条件较为复杂或极复杂，占全部生产矿井的比例为42%。另依据国家电力总公司的统计，目前全国产量6000万吨以上的9对开采矿井中，有8对生产矿井存在水害隐患。近几年频繁发生的突水事故给人民的生命和财产安全带来了极大的威胁，由此可见，解决矿井底板突水问题刻不容缓。

现有的底板突水事故水文地质资料和事故原因表明，79.5%以上的煤矿采场底板突水事故与底板断层等构造有关[4,5]。断层等构造在采场围岩中可视为地质缺陷，地质缺陷的存在能从根本上影响周围介质的力学性质和工程稳定性，表现为耦合作用环境中缺陷引起围岩岩体应力分布的改变，开采扰动影响下应力的改变又引起裂纹的扩展，进而造成地下水流量与水压力变化。在矿井开采过程中不仅需要考虑构造活化问题，而且要考虑构造突水问题，因此，正确认识底板构造活化突水机理并掌握活化失稳前物理辨识信息，不仅为矿井生产的安全和经济效益的保证提供帮助，而且符合我国煤炭企业可持续发展的战略目标。开展采场底板构造活化突水机理研究，有助于深化对矿井底板突水机理的认识，开展缺陷岩体失稳过程协同破坏机理及失稳异常物理信息辨识，将有助于实现对构造突水的预测预报，对矿井制定防突水措施及后期治理具有重大的经济价值和工程意义。采动底板构造活化灾变前兆信息辨识及突水机理研究涉及采矿工程学、岩体力学、断裂力学等多个相互交叉学科，为丰富对煤矿底板突水机理和防治方面的研究提供了有效的方法和手段。

## 1.2 国内外研究现状及存在问题

### 1.2.1 底板突水机理研究现状

煤矿底板突水一直是威胁我国煤矿安全生产的重大问题，往往造成重大的财产损失和人员伤亡。最近几年来，随着开采强度的增加，煤炭开采水平日益加深，深部高应力、高水压和强开采扰动的影响下，煤层底板突水的问题日益突出。底板突水是指开采煤层的下方含水层内的承压水通过破坏的底板隔水层或导水构造（裂隙），连接底板破坏裂隙以渗流、涌水或突发的形式进入工作环境的一种现象[6]。近几十年来，国内外众多学者针对煤矿底板突水问题展开了大量的研究工作，同时取得了丰硕的研究成果。

#### 1.2.1.1 国外底板突水机理研究现状

国外针对矿井水害的研究往往集中在地下水质方面[7,8]，鉴于环保和安全开采考虑，政府对一般受水害影响的煤矿不予开采，因此针对煤矿底板突水，尤其是煤层下伏承压水含水层的突水研究较少[9]。

早在20世纪初，国际上一些主要的采煤国家，如南斯拉夫、西班牙、波兰等发现底板隔水层的作用，进而开展了煤层底板岩层结构及其破坏特征的研究[10~12]，研究发现底板隔水层越厚，矿井发生突水事故次数降低，同时突水量越小；20世纪40年代，国外学者将力学观点引入到底板突水机理方面的研究中，Ribicic[13]认为底板突水和隔水层的厚度及水压均有联系，进而首次提出了相对隔水层的概念，这也是国内常用的突水系数法的原型；同期，斯列萨列夫[14]在静力学观点基础上，将底板隔水层看作两端固定的梁，假定梁结构承受了均布载荷的作用，并基于强度理论推导出了与安全水压值相关的计算公式，然而该理论由于未考虑煤层采深等众多底板破坏因素，在应用上存在一定的局限性。在20世纪的60~70年代，较多的学者使用“相对隔水层厚度”[4]对煤矿突水危险性进行评判，该方法相比之前的研究较大程度地考虑了底板隔水层岩性和强度等因素的影响作用，使其具有较好的实用性，该方法没有考虑到矿压影响仍不完善。在20世纪的70~80年代，C. F. Santos 等人[15]改进了 Hoek-Brown 岩体强度理论并进行了运用，将临界释放点等理论引到对底板岩石承载能力方面中，为后期考虑矿柱等因素研究底板破坏机制提供一定参考。

20世纪90年代末，国外诸多学者从突水原因、监测预测手段及防治技术方面探究底板突水机理，如在突水原因方面，波兰学者 J. Motyka[16]基于实际钻孔勘探资料，认为造成矿井突水灾害发生的直接原因是受采动影响裂隙导通岩溶发育的含水层；在突水预测预报方面，南斯拉夫学者 D. Kuscer[17] 从矿井水文地质条件评价和突水中水文地质动态过程的监测角度研讨了突水预报与治理相关方面的问题；意大利学者 O. Sammarco[18,19] 基于矿井发生突水灾害前水位、瓦斯浓度等变化特点，提出了矿井突水发生前兆信息辨识和提前预警的观点；在突水治理方面，苏联学者 V. Mironenko 等人[20] 研究认为煤矿的突水是一种复杂的耦合过程，即地下工程开挖影响下水岩应力相互作用，并从岩石破坏角度提出了煤矿突水防治方法。

步入 21 世纪，伴随计算机技术模拟[21,22]、物理模拟[23,24] 技术的发展，科学工作者可能直观展示突水过程中采场围岩应力场、位移场和渗流场的变化规律，对底板突水机理的研究已趋近成熟。然而上述研究方法对于突水灾害的认识往往局限于对区域岩体破坏机制方面，而忽略了对不同地质环境中突水通道的扩展和演化规律的研究。

#### 1.2.1.2 国内底板突水机理研究现状

针对矿井底板突水机理的研究国内起步较晚，由于我国煤炭资源丰富，水文地质条件复杂，自 20 世纪 50 年代越来越多的学者开展对煤矿底板突水机理方面的研究，从不断的探索中探究隔水层破坏、底板破坏规律，进而形成了一系列的底板机理方面的体系，本节总结了一些较有代表性的理论。

A 底板“突水系数”理论

通过分析焦作矿区内矿井突水资料，煤炭科学研究总院西安勘察分院第一次提出了评判煤层开采底板是否发生突水的标准，即“突水系数”法[25,26]。矿井煤层开采后，底板单位有效隔水层承担的水压大于本矿井的临界突水系数，则该矿井有发生突水的可能。由于不同矿井水文地质条件存在较大的差异，临界突水系数具有地域性，因此临界突水系数需要基于本矿区实际突水数据分析确定[27]，同时应考虑该矿区隔水层力学特性、岩性组合和开采条件等因素。由于传统突水系数公式中未能考虑隔水层性质、开采条件等因素的影响，20 世纪 60~80 年代，公式先后经过了 5 次修改。2009 年，《煤矿防治水规定》将突水系数重新修改为最初的定义[28]。

B 底板“下三带”理论

山东科技大学（原山东矿业学院）李白英等人[29~31] 基于井径和峰峰等矿务局开采过程中总结相关成果并提出了“下三带”理论。“下三带”自上而下指的是底板破坏带、隔水层带以及承压水导升带，该理论将承压水含水层与煤层底板之间的岩层划分为 3 个区域。

C “递进导升”学说

煤科总院西安分院王经明[32~35] 利用注水试验，观测到非完整底板和完整底板岩体漏失量的变化规律，认为在水压和矿压共同影响下，在底板隔水层内存在高水压对完整隔水层裂隙扩展、递升和贯通的现象，当承压水导升至采动底板破坏带时矿井发生突水事故。

D 底板“岩-水-应力关系”学说

“岩-水-应力关系”概念由王成绪等人[36~38]提出，该理论指出在底板岩层、承压水、扰动应力共同作用下煤矿发生底板突水。煤层开采后受开采影响，完整隔水层内部出现了具有一定深度的导水裂纹，使得隔水层岩体强度和隔水性能降低，造成了渗流场的重新分布，在裂纹扩展方向上裂纹内水压大于围岩最小主应力时裂纹发生进一步扩展，进而贯通采动底板破坏带造成突水事故的发生。

E “强渗通道”学说

中科院地质研究所许学汉[39,40]等学者认为底板突水通道的形成是发生突水的关键。首先，当底板岩层中存在原生导水通道连接承压水时，受开采扰动影响下原生导水通道被揭露后突水灾害发生；其次，受底板岩层的次生通道影响，在水-岩-应力相互作用下，次生通道的弱段区域发生活化造成破坏，形成了导通含水层的突水通道。

F “薄板结构”理论

煤科总院北京开采所张金才、刘天泉等人[41~43]从弹性力学、塑性力学理论角度分析了底板岩石渗流及突水机制问题。“薄板结构”认为底板岩层由导水裂隙带和隔水带组成，利用弹塑性力学方法将底板隔水层简化为四周固支受均布载荷作用下的弹性薄板，并且推导出了底板岩石的相关岩石力学性质与可承受的极限水压的计算公式。

G 底板“零位破坏”“原位张裂”理论

煤科总院的王作宇等人[44~49]在考虑水压和矿压的共同作用的方面上，将煤层开采水平方向划分为 3 个区域，依次为超前应力压缩段、卸压段及采后稳定段，在煤层竖直方向划分为直接破坏带、影响带以及微小变化带。

H “下四带”理论与突水概率指数

山东科技大学施龙青[12,38,50,51]基于断裂力学和损伤力学理论研讨了底板突水过程，概化出“下四带”理论，并基于力学分析方法，推导了底板岩层新增损伤带的厚度，提出了底板破坏的突水条件，针对实际开采的矿井条件，提出了突水概率指数法对煤矿突水进行预测预报。“下四带”理论和突水概率指数法综合考虑了较多的外界因素，因此针对性较强，该方法为底板突水研究提供了一种新的认识和手段。

I “关键层”理论

钱鸣高等人[52~55]在煤层上覆岩层“关键层”理论的基础上，提出了底板

“关键层”理论，依据煤矿实际底板岩层结构特征，认为在含水层上方存在具有承载能力最高的岩层。该理论考虑了底板岩体特性，分析了强硬岩层在底板突水中的作用，阐述了采动影响和承压水共同作用下底板突水机理。

J “尖点突变”理论

突变理论由 Thom 在 20 世纪 70 年代初期提出[56,57]，该理论基于结构稳定性理论探讨结构的稳定性程度，其主要数学渊源是根据势函数把临界点分类，将各种领域的突变现象归纳至不同类型的拓扑结构中，并创建一系列的数学方法。尹立明[58]讨论了突水模型与原型主要性状之间的相互关系，建立了煤层底板突水尖点突变模型，获得了深部底板突水尖点突变模型稳定判据，得到了底板系统突变突水的充分必要条件。同时其他学者[59~64]将突变理论运用到煤矿底板突水机理的研究，构建预测矿坑突水尖点的突变模型，为煤矿底板突水机理的研究引入了一种新的理论分析方法。

K “脆弱性指数法”理论

武强院士[65~68]近几年提出“脆弱性指数法”，即将可确定底板突水多种主控因素权重系数的信息融合与具有强大空间信息分析处理功能的 GIS 耦合于一体的煤层底板水害评价方法，该方法已广泛应用于多处矿井进行煤矿底板水灾害评价，同时该学者将相关的评价结果与传统的突水系数法所得出的结果进行了比较，结果表明脆弱性指数更符合矿井实际条件[69~71]。

近几年，大批的学者[72~83]利用新手段、新技术、新理论等多角度的分析了底板突水的问题，如刘业娇[84]基于数理方程探讨了底板发生破坏的条件，进而对软岩底板突水机理展开了数值试验研究；翟晓荣[85]为了研究淮北矿区下组煤底板突水状况，提出了基于流固耦合 3 种不同开采深度的底板突水模型；张鹏[86]利用突水因素、诱突和突导因素对张村煤矿底板承压水突水机理进行研究，分级划分了各底板区域的突水危险性。

### 1.2.2 底板构造突水机理研究现状

众所周知，矿井突水“三要素”为突水水源、突水通道和突水影响因素，其中突水通道是煤矿突水灾害的关键因素。突水通道包括一些常见的地质构造，如断层、陷落柱、节理裂隙群等不同形式的地质构造，其中因断层活化造成的突水事故最多[87~94]，陷落柱导通突水引发的灾害结果最为严重[95]。

#### 1.2.2.1 断裂构造突水机理的研究现状

在断层突水事故中，因受开采扰动影响造成断层活化突水占较大比例。据国内范围内资料统计，在突水量大于 $600m^3/h$ 的煤矿突水事故中，导水断层引发的突水事故占38.7%，其中受开采影响断层活化致突的事故占20%[96~98]。煤矿开采中断层活化具有隐蔽性，难以被精确的查明，同时防范断层活化的保护煤柱在现场难以留设，因此研究断层导水活化过程中岩体的变化情况对研究煤矿底板突水机理有着十分重要的意义。

在国内底板突水机理研究中，不少的理论中涉及断层突水的问题[42,49]，如“下三带”理论、“强渗通道”学说、“关键层”理论和“脆弱性指数法”中均涉及断层突水问题。“下三带”理论中提到在断层附近易于发生突水，底板承压水导升带的高度和开采底板破坏带的高度值相较正常底板值较大[99~101]。“强渗通道”概念认为突水灾害发生的关键原因是底板岩层是否产生导通水源的通道，认为开采底板存在的断裂构造导通含水层是发生突水的主要原因[102]。在“关键层”理论中将完整底板关键层简化为四周固定支撑的薄板，在含有断层构造的底板中，将底板关键层看作三边固定的薄板，其中断层一侧看作自由边，依据该方法力学求解出断层张开度公式[62,103,104]。在武强院士针对煤矿工作面突水提出的“脆弱性指数法”中，将煤矿采场底板断层作为影响底板突水的一个重要的因素，同时该方法提出了断裂构造突水时间弱化效应的概念，为断层滞后突水的弱化机理提供新的理论方法[105,106]。

国内较多的学者针对断层突水问题展开了专门的研究，如谭志祥[107]基于力学平衡原理推导出底板断层突水发生的临界判别公式，认为当采场附近的断层垂直受力达到断层所能承受的临界值时，断层失稳引发突水事故的发生。然而该方法将底板岩层简化为自由边界，这与实际现场存在较大的出入。

中国矿业大学高延法[108]等人针对底板断层突水机理提出了底板突水优势面理论，认为煤层底板的原生地质构造是矿井发生突水的关键因素，优势面理论认为在众多类型的地质构造中对突水有着决定性作用的是优势断裂，优势断裂相比其他构造容易形成导水通道。

山东科技大学施龙青[109]探讨了断层突水的力学机理，从断层表面切应力角度对断层稳定性进行分析，认为断层切应力达到断层面的抗剪强度时，断层上下盘岩层将发生滑剪移动造成断层活化突水；同时，他认为水对断层活化有促进作用，当在开采扰动的影响下底板峰值区与断层交点的位置囊括于底板导水破坏带的最大深度内时，断层存在突水的可能。

山东科技大学张文泉[110]以断层结构特征为研究对象，从断裂构造产生的裂隙或节理的角度出发，运用断裂力学理论分析了底板突水的必要的通道条件，即裂隙和节理的贯通，进而提出了“贯通性断裂结构面条件下底板突水机理”；同时，郑纲[111]也运用断裂力学理论分析了底板裂隙突水，并开展了一系列相关的室内试验研究。

白峰青[112]利用极限设计思想中的概率方法，首次提出了断层防水煤柱设计的可靠度方法，该方法认为断层沿工作面底板突水的概率要大于沿侧向突水的概率；随着长壁工作面倾向长度和变异系数的增大，可靠度降低，因此突水的可能性越大。周瑞光[113]和武强[91]利用室内试验对断层带内的断层泥、糜棱岩进行了研究，基于断层构造内部特征分析了其在不同含水状态下的蠕变规律，提出了突水潜能的概念。

刘启蒙等人[114,115]认为煤矿底板的突水过程是一种渗流转换的过程，即岩体由孔隙流向裂隙流、管道流的转变，全面揭示了底板断层突水的“渗流转换”机理，并利用相关的理论研究了不同阶段和不同流态突水量的变化规律，获得了三个阶段的突水量的计算公式。李利平、李术才[116]引入了应力-渗流-损失耦合方程用以描述充填介质损伤前后特征，采用数值模拟方法直观展示了开采扰动应力和承压水共同作用下开采底板裂隙演化和断层活化导致突水通道形成灾变演化过程，并归纳出 4 种典型的破裂通道类型。

魏久传[117,118]提出了动态损伤-稳定理论，该理论涉及岩体损伤与稳定性方面的研究，考虑了蠕变机制和时间效应，针对煤层底板裂隙起裂和扩展进行了断裂力学分析，对煤层底板突水提供了新的研究方法和思路。汪明武[73]认为煤矿底板突水过程是一个复杂的过程，进而提出了基于投影寻踪方法综合分析的新方法研究煤矿底板突水机制，建立了突水危险性综合评价的投影指标函数。冯利军[119]基于 Rough 理论创建了变精度的 Rough 集模型，获得了若干突水规则。另外在实际工作中，不少技术工作人员对煤矿底板突水机理和断层导水研究方面也做了一定的工作，如对采动影响下的断层开展原位测试、地应力原位测试等[40,120]。

随着煤矿开采深度的加深，底板因断裂构造引发的突水问题愈发严重。近三年众多学者[121,122]针对断裂构造突水问题展开了持续性的研究，如张培森[123]利用变参数流变模型对含隐伏断层诱发的底板滞后突水机理进行了研究；穆文平[124]构建了含断层带的固流耦合数值模型，进一步揭示了钻孔疏放水诱导断层活化突水的机理。

#### 1.2.2.2 陷落柱突水机理研究现状

陷落柱作为一种强导水构造，经常将奥陶系灰岩内的承压水导入煤矿开采工作面区域，进而造成我国煤矿发生多次严重的淹井灾害[125~127]。受陷落柱突水灾害影响的矿井从我国华北煤田的北部，如开滦矿区，到华北煤田的南部，如平顶山、淮南淮北矿区；从我国西部的渭北矿区到华东的肥城、淄博矿区，陷落柱几乎覆盖了整了华北煤田，因此煤矿陷落柱突水已经成为我国近 30 年来最严重的灾害之一。

20 世纪 60 年代，铜冶煤矿和开滦范各庄煤矿先后发生了多次矿井突水事故，均是陷落柱导通含水水源造成的，这些事故造成了严重的经济损失和人员的伤亡，陷落柱突水问题逐渐引起科研工作者的重视，我国针对陷落柱突水机理的研究取得了丰富的成果[128]。

国内学者在研究陷落柱突水机理[129~132]的同时，一些学者对陷落柱的突水模式和突水判据进行了分析。在陷落柱突水模式和理论研究方面，尹尚先、武强等学者[133~135]利用厚壁桶理论阐释了在煤层开采过程中柱体充水机理，并将陷落柱的突水模式划分为侧壁突水模式及顶底部突水模式以及厚壁筒突水子模式、剪切破坏理论子模式、薄板理论子模式和压裂突水子模式，提出了不同模式的适用条件，分析了开采活动接近厚壁桶壁或桶盖时陷落柱突水的理论判据；许进鹏[136]基于弹塑性理论和岩石力学理论针对陷落柱阻水性能进行了分析研究，划分了不同的阻水层段，提出了陷落柱活化导水机理及不同破坏类型导水的力学判据。王家臣[137]基于渗水井等相关理论并根据弹塑性力学、流体力学的相关理论，建立了预测陷落柱突水模型，推导出防止陷落柱突水的理论判据。

在陷落柱突水数值模拟方面，尹尚先、武强等学者[138]采用 FLAC$^{3D}$模拟在不同开采阶段应力分布特征，模拟试验发现底板岩层的剪应力是导致岩层失稳的重要因素，在陷落柱的影响作用下，底板岩层应力-应变分布不均，一旦承压水压力大于关键层的最小主应力，承压水的渗水软化和压裂扩容即起作用，导致裂隙贯通，导致突水通道形成，造成灾害事故发生。王家臣、杨胜利[139]利用该软件对强充水陷落柱和不充水陷落柱进行了模拟，发现采掘活动引发渗流系数的变化，同时渗流压力引起陷落柱围岩产生应变，提出了相关的方法用以保证底板的隔水层性能。同时，其他较多学者[140~143]利用 FLAC、RFPA、COMSOL 数值模拟软件针对陷落柱突水开展了广泛的研究工作。

在陷落柱突水物理模拟方面，司海宝、杨为民等人[144~146]针对陷落柱突水问题，展开了含裂隙岩体的全应力应变渗流物理模拟试验，研究了流体流动对陷落柱围岩的失稳活化至导水所造成的影响。李见波[147]建立了预防陷落柱突水灾害物理模型，将陷落柱围岩分为无水力梯度的塑性充水区和存在水力梯度的周边渗透区，分析了预防陷落柱突水灾害模型的力学机制。张文忠[148,149]利用自主研制的陷落柱突水三维大型模拟实验系统，再现了骆驼山煤矿 16 号煤回风大巷掘进导致陷落柱突水过程，研究发现掘进工作面临界突水水压为 0.6MPa，突水通道位于陷落柱和巷道迎头处之间。

### 1.2.3 缺陷岩体力学特征研究现状

煤矿开采过程中围岩体经过漫长的地质更替形成一种复杂的地质体，这种地质体不但包含微裂纹、微颗粒等微观缺陷，同时包含节理、裂隙等宏观缺陷[150]。断层、陷落柱等地质构造在宏观采场中可以看作宏观尺寸缺陷地质体，采场中构造的存在以不同的作用机理对采场围岩的力学特性产生较大影响。因此利用室内试验对不同缺陷结构特征的缺陷岩体在外部载荷的作用下的形变、破坏、失稳过程中物理场信息变化特征的准确把握对于矿井的安全开采有着非常重要的作用。

依据岩石损伤力学的观点，将地质岩体中存在的一定范围的缺陷称为微观损伤，依据微观缺陷占据的体积百分比进行对微观损伤的定义[151]；针对宏观缺陷，称其为宏观损伤，根据裂隙和节理的几何角度、尺寸等物理参数定义宏观损伤[152]。宏观和微观缺陷岩体对岩体的强度、破坏模式、声发射特征等均有着重要的影响[153,154]，众多学者对此进行的大量的研究。

早在 20 世纪 70 年代，Brown[155,156]、John[157]、Einstein[158]、Chappel[159]等学者采用不同的试验方法对含节理缺陷岩体的力学特性和破坏模式进行了研究，试验结果表明不同节理缺陷特征的岩体存在不同的破坏模式和力学特征，而且含节理缺陷岩体内部的应力分布较比均匀岩体要复杂的多[160]。Reik 和 Zacas[161]通过对由多个小块体组成（横截面 60cm$^2$、高度 130cm）的组合节理岩体进行了真三轴压缩试验，研究了中间主应力的大小对组合岩体强度的影响，实验结果认为当该应力与节理走向平行时，中间主应力对组合体强度影响程度最小。Prudencio 等人[162]利用双轴压缩试验对含多组平行非贯通节理的岩体进行加载试验，研究不同节理形式对岩体峰值强度和破坏形式造成的影响，发现岩体的破坏形式可分为滑剪破坏、台阶破坏以及转动破坏 3 种形式。P. H. S. W. Kulatilake 等人[163]对含节理缺陷岩体进行了单轴压缩试验，试验结果表明节理分布形态决定了缺陷岩体的破坏模式，节理角度对缺陷岩体的破坏模式起到重要的影响作用。

杨圣奇等人[164,165]采用单轴压缩试验和常规三轴压缩试验对预制裂隙大理岩进行了裂隙倾角、间距、长度数目与倾角等裂隙参数对缺陷岩体的变形破坏特征的影响规律研究，试验结果表明缺陷岩体在加载过程中表现出局部渐进破坏特征，且弹性模量、峰值强度和轴向应变的降低幅度与裂隙参数分布形式有密切关系；在三轴加载环境中，裂隙几何特性对缺陷岩体强度有显著影响，在高围压下岩体内的裂纹将闭合，导致其力学特征趋向于均匀岩体。Wang 等人[166]提出了节理岩体本构力学模型，该模型能够侧面反映岩体强度和变形特性。鞠杨等人[167]应用 SHPB 试验和分形方法研究节理岩石的应力波动与能量耗散关系，结果认为应力波的传播过程受节理几何特征的影响，粗糙节理岩样的应力波衰减程度及形变程度相比光滑试样较大，依据试验结果给出了节理面分维值随能量耗散的变化关系式。刘刚等人[168]通过物理模拟试验研究了深埋地应力场中断续节理密度对巷道围岩裂隙的产生和扩展机理，试验发现节理密度对岩体的强度影响程度很大。蒲成志等人[169]对预制水平裂隙的类岩石材料单轴压缩试验，他发现节理张开度对岩体破坏模型有较大的影响。

张平等人[170]研究了含多条裂隙试样的力学特性，试验结果发现缺陷岩体最终的破坏与缺陷节理的数目无关，而与加载过程中引起试样破坏的贯通裂纹的数目有关，该学者利用在不同载荷应变率下加载试验研究发现，缺陷试件的抗压强度受控于裂隙的空间位置，而且受控于预制裂隙间的贯通形式。张波等人[171]利用单轴压缩试验研究了裂隙充填体的分布特征对缺陷岩体强度的影响，含充填裂隙的岩体峰值强度和峰后塑性变形能力增强、总应变能释放率降低，而且在相同载荷作用下含充填裂隙岩体损伤度小于无充填岩体。陈新[172]等学者试验研究了节理倾角及连通率对岩体强度的影响规律，试验结果发现节理连通率的增大促使岩石延性增强，岩体峰值强度和弹性模量均逐渐降低。还有大批的科研工作者[173~175]从不同角度开展缺陷岩体力学特征的研究，本书不再一一叙述。

### 1.2.4 存在问题及研究展望

1.2.2 节详细介绍了国内外对底板（构造）突水机理的研究现状，众多的研究结果对丰富底板突水机理的研究成果具有重大的理论意义，然而通过仔细分析相关的研究成果，可发现其存在的不足之处。

由以往的煤矿突水资料可知约 80%以上的突水是断层等地质构造引起的，由统计资料获取的矿井临界突水系数主要反映的是含有导水构造带上底板突水情况，因此利用突水系数法预测完整底板隔水层的突水其数值存在较大误差。突水系数方法忽略了底板构造的活化、裂隙的扩展演化等方面的认识，尤其深部开采复杂的地质条件，这束缚了广泛的应用。

依据“下三带”理论，底板突水的实质为完整隔水层带岩层厚度较小或者不存在时，承压水导升带贯通采动底板破坏带，然而该理论仍是基于经验统计分析所得，没有考虑到不同底板构造对隔水层的破坏作用，不能客观反映底板突水过程。针对“递进导升”学说，该理论考虑了采动影响下底板岩层的破坏，但对导升带的高度没有具体的量化标准。“岩-水-应力关系”学说考虑了岩体-水压-应力三方面的影响因素，认为底板突水是一种动态过程，但该理论未给出导水裂隙带高度和承压水再导升高度定量标准。“强渗通道”学说创新讨论了地质构造在矿井突水中的作用，但是对构造自身活化及导水通道形成过程方面研究较少。“薄板结构”理论忽视承压水导升带对突水的影响，当薄板的厚宽比为 1/7~1/5，薄板理论才会适用，这与工程实际结果存在较大的差距。

“零位破坏”与“原位张裂”理论基于塑性滑移线理论探讨了采动底板破坏的最大深度，解释了采动影响下底板岩体破坏过程以及承压水运动规律，在一定程度上揭示了矿井突水的内在原因，但是该理论仍然采用突水系数法进行底板突水判别，进而限制了该理论在工程实际中的应用推广。“下四带”理论、突水概率指数与“尖点突变”理论相关的计算公式比较复杂，参数选取存在诸多不便，该理论在实用性方面还有待于进一步探索和研究。在复杂条件的矿井中，难以确定底板哪一层位作为关键层，这也是“关键层”理论不足之处。由于脆弱性概念的模糊以及相关系统的复杂性，相关评价方法的研究进展缓慢，使“脆弱性指数法”在实际的应用中受到限制。

在煤矿实际复杂的开采环境中，底板断裂构造类型较多，人类的认识水平也具有局限性，煤层底板断裂构造突水机理问题仍在存在许多尚未解决的问题，主要表现在构造活化对围岩断裂影响的时效性及破坏程度，而且在断裂构造的导水判据准则上没有形成被广泛应用的标准。本书认为，不同的地质构造类型虽然千差万别，不同形式的地质构造破坏机制也存在较大差异，如果单纯研究不同类型构造的突水机理不仅工作量较大而且适用范围较窄；因此研究具有适用性的煤层底板断裂构造突水机理，需要从其他方面去探讨构造突水机理，比如不同构造活化引起完整围岩的破坏机制具有类似性，基于这种观点，将缺陷构造附近围岩的破裂、失稳过程作为研究对象去分析构造突水机理，为研究岩体破坏导水机制提供新的思路。

在陷落柱突水机理研究方面，学者利用理论分析、力学推导、数值模拟和物理试验等方法在一定程度上揭示了矿井陷落柱突水规律及相关机理，其中数值模拟和物理试验往往直观展示陷落柱突水过程渗流场和应力场的变化规律，尽管上述研究成果对岩体渗流场与应力场之间关系的研究已经很多。与应力场耦合作用下陷落柱失稳过程及其围岩裂隙起裂和扩展规律方面的研究较少，因此不论是理论分析还是试验模拟针对缺陷岩体及地质构造方面的研究仍有非常大的发展空间。

在缺陷岩体力学特征研究方面，以往学者对缺陷岩体的研究往往局限于对节理间距、节理长度、节理数目与节理倾角等几何参数对缺陷岩体的强度和变形破坏特征方面的研究，通过分析缺陷岩体在单轴、双轴或三轴加载环境下峰值强度、弹性模量和能量释放率等变化特征探讨缺陷对岩体力学性能造成的影响，该方面的研究无法获取试件失稳过程中释放的物理场信息变化规律，进而对缺陷岩体的失稳破坏提供预测预报信息。煤矿开采过程中，准确把握缺陷岩体或地质构造在失稳破坏过程中物理场信息变化特征对矿井安全开采有着重要的作用，因此利用室内试验开展对缺陷岩体失稳过程中不同时间段内裂纹扩展、演化特征、应变、能量释放特征方面的研究，捕捉和辨识岩体失稳前异常物理场信息，对实现预测构造失稳活化具有积极作用。

## 1.3 相关研究方向简介

矿井发生突水事故的先决条件是突水通道、突水水源和突水发生条件，由于构造赋存条件的不同导致其自身突水活化机理不同，若简单研究不同类型构造的突水机理不仅工作量较大而且适用范围较窄，然而不同构造活化引起完整围岩的破坏机制、围岩突水通道的形成与演化特征具有类似性，基于这种观点，开展构造附近围岩的破裂、失稳过程方面的研究成为一种有效手段。基于研究思路，本书介绍了以下几个方面的研究成果：

（1）底板裂隙区域性特征、突水灾变模式建立及突水判据确定。对煤层开采后底板岩体进行区域性划分，探讨底板不同区域内应力渗流耦合作用下岩体内裂隙扩展演化特征，依据区域性裂纹演化规律推导出底板不同区域岩体渗流方程，描述煤层底板渗流特征；依据采场底板突水形成条件的要求，结合构造失稳特征，建立3种类型底板构造突水灾变模型，并推导突水力学判据，揭示底板构造活化失稳致突机理。

（2）缺陷岩体单轴压缩强弱部分协同失稳特征。对缺陷岩体失稳过程中岩体内弱段和强段加速协同破坏机制展开探讨，利用强弱段协同作用程度分析和预判缺陷岩体失稳过程，为室内试验提供理论基础；利用室内岩石力学试验探究缺陷岩体在破坏过程中强段和弱段之间的相互作用，通过对含有不同尺寸的宏观预制缺陷的红砂岩进行单轴压缩试验，收集实验过程中应力、应变和声发射数据，从多角度探究不同缺陷尺寸的红砂岩破坏形式及亚失稳阶段完整部分和缺陷部分相互作用特征；利用石膏类岩石组合岩体实现强段单元体之间相互作用试验研究，利用位移传感器和应力传感器数据采集结果，分析组合岩体失稳破坏前岩体由独立活动到整体协同破坏的转化过程。

（3）大尺寸含缺陷类岩石双向加载裂纹扩展特征及失稳信息分析。结合构造3种类型突水灾变模式制作不同类型大尺寸类岩石试样，研究双向加载过程缺陷岩体活化过程构造及其围岩的裂隙演化等物理变化特征，讨论加载时间-应力、构造围岩应变-应力、声发射能量、幅值-时间的变化关系，以及导水裂隙扩展演化特征，研究其破坏-失稳时空演化过程，捕捉和比较失稳前关键时刻对应物理场信息的变化差别，进而探究构造失稳破坏对围岩的影响作用，实现对缺陷岩体失稳过程异常物理场信息辨识；利用含有断层及采场的相似模型揭示断层的协同破坏过程，研究断层失稳错动引发涌水的过程及触发条件，揭示断层亚失稳阶段协同破坏机制，从侧面验证突水灾变模式的正确性。

（4）裂纹扩展致通水通道形成数值模拟及案例分析。利用 $\mathrm{FRACOD^{2D}}$ 数值模拟方法研究固流耦合作用下缺陷岩体失稳裂纹传播过程，建立3种裂隙扩展耦合模型，分别对原生裂纹中流体流动特征、缺陷岩体裂纹网流体流动不同路径下水压、流量分布规律和地应力环境下突水裂纹起裂-扩展-贯通机制方面展开研究，分析流体在节理流动和裂纹在完整岩体扩展过程，直观展现裂纹扩展过程水压流量特征和岩石位移场和应力场变化规律；基于骆驼山煤矿实际开采水文地质条件，利用该模拟软件再现骆驼山“3.1”突水灾害发生的全过程，探讨构造突水过程中突水通道演化过程，揭示构造失稳活化致突机理。

（5）底板构造突水物理模拟试验研究及监测方法。针对3种底板构造突水灾变模式，利用非亲水固流耦合相似模拟材料和采动煤层底板突水相似模拟试验系统开展底板构造突水物理模拟试验，实现对不同灾变模式下突水通道形成过程、围岩应力和孔隙水压变化规律的研究，解释不同构造类型煤层底板突水机制，从侧面验证3种灾变模式及突水判据的准确性；依据室内岩石力学试验、数值模拟和物理试验结果，分析构造活化失稳前异常物理辨识，针对构造赋存特点对构造失稳监测进行了可行性浅析，并提出相关的方法。

# 2 底板裂隙区域性特征及构造突水灾变模式

在开采扰动过程中，不同底板区域内的孔隙、裂隙的扩展及贯通存在不同的状态，当底板含有构造时，开采后底板区域性变化对构造活化有着复杂的影响特征，因此需展开对不同区域岩体渗流耦合特征研究，同时，底板构造含有不同的赋存形式，建立具有针对性的突水灾变模型并推导相关判据为研究复杂的底板突水提供有效手段。

## 2.1 底板采动岩体区域性裂隙渗流耦合机制

### 2.1.1 底板岩体区域性划分

煤层底板突水作为一种典型的应力场和渗流场耦合作用形成的灾害，对其突水机理和预测防治的研究，已成为评价采场安全稳定的关键研究课题。众多工程实践表明，地下工程中渗流场与应力场具有区域性分布特征，不同区域内渗透压力影响应力分布，应力场变化导致渗流场流速、流量的改变，因此采用针对两场耦合分析的方法才能准确分析工程实际情况[176~178]。正确认识和解决煤层底板突水问题的关键在于如何有效描述底板不同区域内应力渗流相互作用下岩体裂隙扩展贯通形成突水通道的行为。

采动影响下煤层底板岩层将会发生卸压、膨胀，岩体在一定区域内形成岩石损伤、断裂和裂纹闭合，造成不同区域岩层的渗透性发生不同程度的改变。随着工作面的推进，底板岩体依次经历压缩、过渡、膨胀、重新压实过程。针对煤层底板岩体应力重新分布的情况，对底板进行区域性划分[179]，即压缩区、过渡区、膨胀区、重新压实区，如图 2.1 所示。底板不同分区内岩石应力状态影响了其渗透性的变化，底板岩体通过内部孔隙、裂隙的扩展和贯通为应力场与渗流场的耦合提供了条件。在开采扰动过程中，不同底板区域内的孔隙、裂隙的扩展及贯通存在不同的状态，进而导致底板岩体应力和渗流反复耦合，使得底板突水具有区域性和时间性特征。因此，探讨煤层开采后底板区域性变化特征为研究复杂的底板突水提供有效手段。

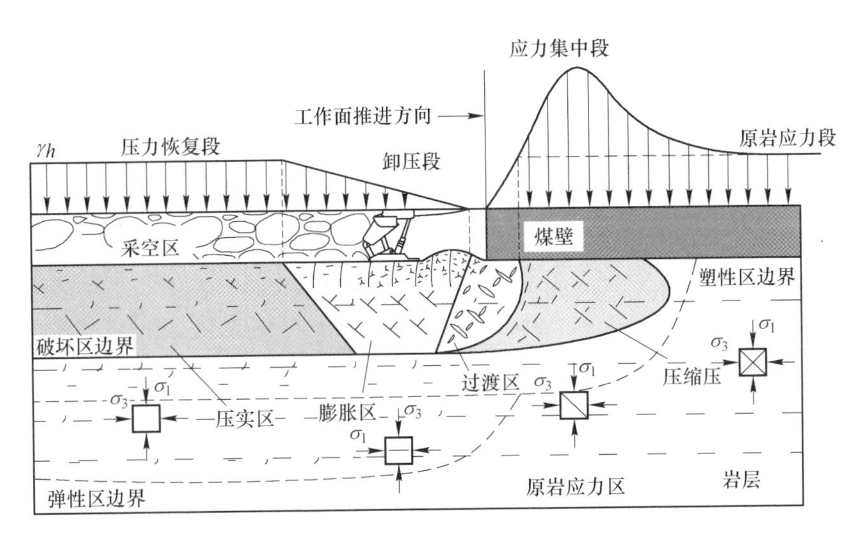


图 2.1 底板岩层区域划分

## 2.1.2 区域性岩体裂隙演化特征分析

### 2.1.2.1 压缩区

压缩区内岩体下半部和上半部分别受到水平挤压力和扩张力作用，使得岩体结构呈现上凹形。在较高支撑压力的影响下，该区域内裂纹发生弯折扩展的可能性较大。由文献[180~182]可知，当 $\sigma_1 \leqslant \sigma_s\kappa$ 且 $\sigma_{3m} \leqslant \sigma_s\kappa$ 时，裂纹发生扩展，其中，$\sigma_s = 4G_0/\eta + 1$，$\eta$ 在平面应变状态时为 $3-4\nu$，在平面应力状态为 $(3-\nu)/(1+\nu)$，$G_0$ 为区域岩体剪切模量，$\sigma_{3m}$ 为侧向应力，$\sigma_1$ 为最大主应力，$\sigma_3$ 为最小主应力，$\kappa = m/n$，$m$ 和 $n$ 分别为裂纹（假定椭圆形）半开度和半长轴，$\nu$ 为泊松比。

该区域内裂纹产生弯折扩展的应力条件：

$$\sigma_1 = \frac{\sqrt{3}K_{\mathrm{II C}}}{2F(\theta)\sqrt{\pi c}} + \sigma_3 \tag{2.1}$$

原生裂纹平均张开开度[182]：

$$m = \frac{\pi c(1-\nu_0^2)}{E_0}(\tau_{\mathrm{eff}} - \sigma_3 l_1 \cos\theta) \tag{2.2}$$

式中，$F(\theta)=\sin\theta\cos\theta$；$K_{\mathrm{II C}}$ 为岩石Ⅱ型断裂韧性；$F=2n\tau_{\mathrm{eff}}$；$l_1$ 为次生裂纹长度；$E_0$ 为区域内岩体弹性模量；$\theta$ 为裂纹扩展方向与主应力的夹角；$\tau_{\mathrm{eff}}$ 为裂纹发生剪切破坏的有效剪应力，$\tau_{\mathrm{eff}} = (\sigma_1-\sigma_3)\cos\theta\sin\theta - \tau_c - u(\sigma_3\sin^2\theta + \sigma_1\cos^2\theta)$，$\tau_c$ 为

黏聚力，$u$ 为摩擦系数。

#### 2.1.2.2　过渡区

在底板压缩区后方岩体进入过渡区，该区域应力特征表现为侧向压力变化不大，垂直应力急剧减小，该区域内裂纹的扩展形式主要为反向滑移[183]。过渡区边界一侧位于支撑煤体弹性区与塑性区交界处，另一侧位于顶板垮落位置前方。

当 $\sigma_1 \leqslant \sigma_s\kappa$ 时，裂纹起点所受楔形力：

$$F_m = 2\cos\theta\{u[(\sigma_{3m} - \sigma_s\kappa)\cos^2\theta + \sigma_{1m}\sin^2\theta] - \tau_c\} + \cos\theta\sin2\theta(\sigma_{1m} - \sigma_{1c} - \sigma_{3m}) \tag{2.3}$$

在岩体卸荷过程中，任意一点处的楔形力：

$$F_u = 2u\cos\theta[(\sigma_3 - \sigma_s\kappa)\cos^2\theta + \sigma_{1m}\sin^2\theta] + \tau_c + \cos\theta\sin2\theta(\sigma_1 - \sigma_{1c} - \sigma_{3m}) \tag{2.4}$$

若达到裂纹反向滑移条件，即 $F_u = F_m$，可求得裂纹产生反向滑移的临界应力：

$$\sigma_1 = \frac{\dfrac{\sigma_2\sin2\theta}{2} - u\left(\sigma_3 - \dfrac{9}{4}\sigma_s\kappa\right)\cos^2\theta - 2(\tau_c + u\sigma_{1m}\sin^2\theta)}{\cos\theta\sin\theta + u\cos^2\theta} \tag{2.5}$$

式中，$\sigma_{1m}$ 为轴向应力；$\sigma_{1c}$ 为平均最大主应力。

#### 2.1.2.3　膨胀区

膨胀区内岩体应力会不断下降，煤岩体的垂直压力变小为 0[181]，采空区范围内的载荷会重新分布，使底板处于膨胀状态。当 $\sigma_1 > \sigma_s\kappa > \sigma_3$ 时，裂纹可能发生失稳扩展。

原生裂纹平均张开位移[181]为：

$$\bar{b} = \frac{\pi(1 - v^2)}{E_0}\left[\frac{\sqrt{\pi l}}{\sqrt{\omega\sin\dfrac{\pi l}{\omega}}}\tau_{eff} - \sigma_3\frac{\sqrt{2\omega\tan\dfrac{\pi l}{2\omega}}}{\sqrt{\pi l}}\bar{l}\cos\theta\right] \tag{2.6}$$

裂纹发生扩展的方位角为：

$$\theta_1 = \frac{\pi}{2} - \arctan\left(u + \sqrt{u^2 + 1}\right)$$

则可求得裂纹扩展所需要的垂直应力：

$$\sigma_3 = \frac{-k\sqrt{\omega} + 2c\sin\theta_1[\tau_c + (\sigma_1 - \sigma_{1c}) \times \sin\theta_1(u\sin\theta_1 - \cos\theta_1)]}{\sqrt{2}\omega + c\sin2\theta_1(u\cos\theta_1 + \sin\theta_1)} \tag{2.7}$$

式中，$\bar{l}$ 为裂纹的平均长度；$\omega$ 为两相互影响裂纹之间距离的一半。

#### 2.1.2.4 重新压实区

随着工作面继续向前推进，膨胀区上方顶板冒落的矸石逐渐被压实，使得该区域内恢复的垂直应力致使煤岩体产生的张开裂纹压实闭合。

如图 2.2 所示，假设 $C$ 点与 $C'$ 点的距离等于裂纹的张开位移 $2m$ 时，则裂纹完全闭合[181]；可裂纹的临界闭合条件为：

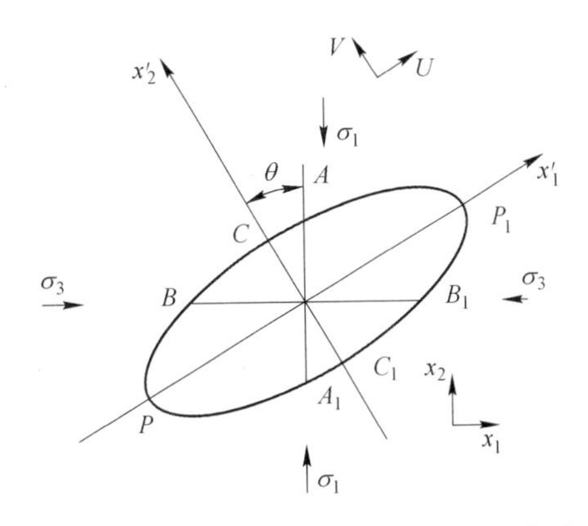


图 2.2 重新压实区裂纹压实闭合模型[182]

$$\sigma_1 + \sigma_3 = 2\sigma_s\alpha - (\sigma_1 - \sigma_3)(1 + \alpha)\cos 2\theta \tag{2.8}$$

裂纹在纵向横向上的闭合位移为：

$$\begin{cases} U_2^{x_2} = \dfrac{1}{\sigma_s}[f_1(\theta)\sigma_1 + g_1(\theta)\sigma_3]n \\ U_1^{x_1} = \dfrac{1}{\sigma_s}[f_2(\theta)\sigma_1 + g_2(\theta)\sigma_3]n \end{cases} \tag{2.9}$$

式中，$f_1(\theta) = \sin\theta\cos\beta_1 + 2\sin\beta_1\cos\theta$；$g_1(\theta) = -\sin\theta\cos\beta_1$；$f_2(\theta) = -\cos\theta\cos\beta_1$；$g_2(\theta) = \cos\theta\cos\beta_2 - 2\sin\beta_2\sin\theta$，$\beta_1$ 和 $\beta_2$ 为 $A$、$B$ 点的双曲线参数。

### 2.1.3 区域性岩体渗流耦合特征分析

#### 2.1.3.1 基于裂隙演化岩石渗流方程

假设底板岩石介质在加载和卸载过程的力学行为符合弹性损伤理论，其中流体遵循 Biot 渗流理论[184]，则 Biot 渗流力学耦合作用基本方程如下所示。

平衡方程：

$$\frac{\partial \sigma_{ij}}{\partial x_{ij}} + \rho X_j = 0 \quad (i,\ j = 1,\ 2,\ 3) \tag{2.10}$$

几何方程：

$$\varepsilon_{ij} = \frac{1}{2}(u_{i,j} + u_{j,i}) \quad \varepsilon_v = \varepsilon_{11} + \varepsilon_{22} + \varepsilon_{33} \tag{2.11}$$

本构方程：

$$\sigma'_{ij} = \sigma_{ij} - \alpha p\delta_{ij} = \lambda\delta_{ij}\varepsilon_v + 2G\varepsilon_{ij} \tag{2.12}$$

渗流方程：

$$k\ \nabla^2 p = \frac{1}{B_i}\frac{\partial p}{\partial t} - \alpha\frac{\partial \varepsilon_v}{\partial t} \tag{2.13}$$

式中，$\rho$ 为流体密度；$\sigma_n$ 为正应力；$\varepsilon_v$ 为体积应变；$\delta$ 为 Kronecker 常数；$B_i$ 为 Biot 系数；$\lambda$ 为拉梅系数；$\nabla^2$ 为拉氏算子。

式（2.10）~式（2.13）为 Biot 经典渗流理论相关公式，然而该理论没有考虑应力引起的渗透性的变化，考虑两项耦合问题时，需要补充耦合方程：

$$k(\sigma,\ p) = \xi k_0 e^{-\beta(\sigma_n/3-\varepsilon p)} \tag{2.14}$$

式中，$k_0$ 为渗透系数原始值；$p$ 为孔隙水压；$\varepsilon$ 为孔隙水压系数；$\xi$ 为突跳倍数；$\beta$ 为耦合系数；$k$ 为渗透系数。

由于在不同底板分区内岩石中裂隙受采动影响发生变化，需要对式（2.14）中 $\xi$ 、$\varepsilon$ 和 $\beta$ 参数进行重新界定。

A　原岩应力区

区域内岩体未受到采动影响，岩体渗透性能基本不产生变化。该区域岩体渗透性和应力状态成负指数函数关系，$\xi$ 取 1。区域内岩体若为连续完整介质，具有好的隔水能力，岩层孔隙率为 0，则 $\varepsilon$ 取 0；若单元岩体为孔隙单元，岩层孔隙率为 1，则 $\varepsilon$ 取 1；一般岩体根据实际地质资料和实验测试确定 $\varepsilon$ 的取值范围，$0 < \varepsilon < 1$。$\beta$ 反映了底板岩体应力敏感因子，可由实验确定。

B　压缩区

压缩区域内底板岩体受到较大的垂直应力作用，同时受超前支承压力影响，引发应力损伤，造成裂隙产生、弯折和扩展[181]。该区域内岩体受到损伤后渗透性能提高，$\xi$ 取 5；该区域 $\varepsilon$ 的取值与原岩应力区相同；由于岩体损伤渗透性对应力的敏感程度增加，$\beta$ 取值相应增加。

C　过渡区

在底板压缩区后方岩体进入过渡区，侧向压力变化不大，垂直应力急剧减小，该区域内裂纹的扩展形式主要为反向滑移。相比于压缩区域过渡区内岩体渗透系数增加，此时 $\xi$ 取 1000，$0 < \varepsilon < 1$。

D　膨胀区

膨胀区域内岩体的垂直压力变小并逐渐趋于 0，底板固支梁影响作用下产生拉应力，造成拉应变达到极限拉应变，岩体裂隙产生反向滑移和张开变形[183]。相比于压缩区域含有裂隙岩体单元数据急剧增加，造成渗透系数显著增加，此时 $\xi$ 取 1000，$\varepsilon$ 取 1。

E　重新压实区

重新压实区岩体重新承受垂直压力作用，导致张开裂隙逐渐压实闭合。文献[185]表明，闭合裂隙的渗透率明显减小，此时 $\xi$ 取 0.01，$\varepsilon$ 取 0。

2.1.3.2 底板区域性渗流特征分析

兖州矿区某矿平均煤层厚3m，平均采深600m，底板岩体初始渗透系数为$10^{-5}$cm/s，正应力为15MPa，将实际岩体相关参数带入2.1.2节计算公式，分析不同正应力不同区域岩体渗流变化特征，如图2.3所示。

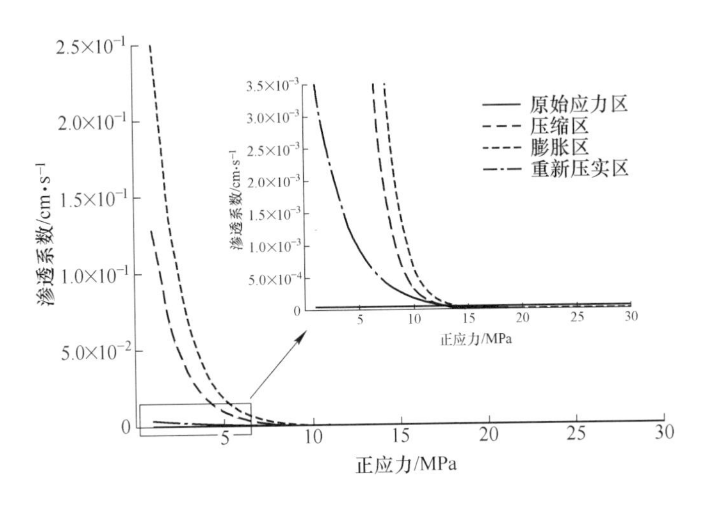


图2.3 不同区域岩体渗透系数变化趋势

受开采扰动影响，煤层底板原始状态被破坏，造成工作面下部底板经历应力集中和释放过程，使得岩体裂隙得到扩展和贯通，造成压缩区与膨胀区岩体渗透系数远大于原始应力区和压缩区岩体，膨胀区岩体渗透系数大于压缩区；当底板岩体区域应力小于原始主应力，随着应力值的减小，渗透系数呈现指数增大的趋势，这说明煤层底板岩体孔隙率及渗透系数分布特征随着煤层的开采呈现区域性分布规律，工作面和开切眼下方的膨胀区成为突水危险区域。

## 2.2 底板构造突水灾变模式及判据

### 2.2.1 地质缺陷概述

矿井地下施工时面对的介质大多是由复杂岩石组成的地质体，其中往往存在陷落柱、断层、节理群等地质缺陷，如图2.4所示。由于地质缺陷的存在，不仅导致了自然地质环境发生改变，而且对煤矿开采的长期安全产生较大的影响。在煤矿回采过程中，底板构造等地质缺陷的存在不仅破坏了隔水层的完整性，而且降低了隔水层的阻水能力，降低了煤层与含水层的距离及底板隔水层的有效厚度，导致承压水沿地质缺陷导升至隔水层中，为承压水涌入矿井提供了有利条件[186]。当煤层底板含有断层等地质缺陷时，矿井工作区域突水发生的可能性相比于拥有完整隔水层的区域要大。

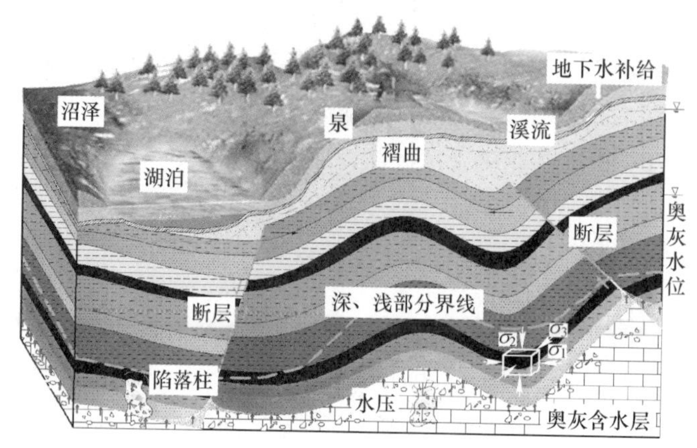


图 2.4　矿井地质缺陷示意图

由以往学者的研究可知，突水通道、突水水源和突水条件（采动）是采场底板突水的必要条件。针对有突水危险的矿井，突水水源和突水条件（采动）是无法避免的问题，因此导水通道能否形成是突水与否的关键。为此，构造如何形成导水通道、构造失稳如何造成完整岩体协同失稳等问题成为研究的重点。根据采场底板突水形成条件的要求，结合构造失稳机理，建立底板构造突水灾变模型及力学判据，揭示底板构造失稳过程中突水机理。

## 2.2.2　构造突水灾变模式建立

对于煤矿底板突水方面的研究，尹尚先[75]教授将煤层底板突水划分了 3 种模式，即正常岩层底板突水、断层裂隙带突水和陷落柱突水模式；徐智敏[187]以底板隔水层作为研究对象，将煤矿底板突水划分为断裂构造型突水和完整型突水 2 种突水模式；董东林[188]针对郑州矿区的水文地质条件，以突水通道作为研究对象，将煤矿底板突水划分为断层致突型、褶皱致突型和采动裂隙致突型 3 种类型。本节基于早期学者们的研究成果，并结合不同地质缺陷赋存特点，以导水通道的形成为判据，提出 3 种类型的突水模式，即完整底板裂隙扩展型、原生通道导通型和隐伏构造滑剪型[3]，如图 2.5 所示。

### 2.2.2.1　底板裂隙扩展型突水模式

煤层底板隔水层内存在许多天然的缺陷节理（裂隙）群，降低了底板隔水层强度及完整性，进而降低了底板隔水层阻水能力，缩短了煤层与承压水导升带的距离。在应力和承压水的共同作用下裂隙周围出现翼状裂隙，裂隙组数逐渐增多，形成局部化剪切裂隙带。由于承压水的渗水软化和压裂扩容的相互作用、相

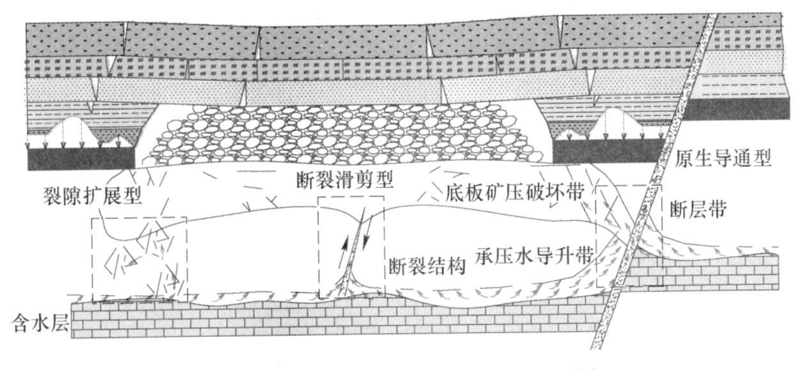


图 2.5 煤矿开采底板突水灾变模式[3]

互促进，底板岩层破坏裂隙沿最薄弱方向进一步扩展，与周围裂隙带逐步沟通，形成更大范围的破坏带，并最终与底板破坏带连通，形成突水通道并导致底板突水事故发生[3]。

底板缺陷裂隙扩展型突水模式可描述为深部承压水影响下承压水导升高度大于有效隔水层厚度，缺陷节理群内裂隙扩张造成彼此贯通引发突水。相比早期学者建立的正常岩层底板突水模式、完整型突水模式和采动裂隙致突型模式[187]，底板缺陷裂隙扩展型突水模式将底板原生裂隙作为自变量，囊括了 3 种模式的特点，具有广泛适用性[3]。

#### 2.2.2.2 构造导通型突水模式

受地质构造（断层、褶皱、岩溶陷落柱）的影响，含导水通道切穿的煤系地层，在采场特殊支承压力的作用下导致构造断裂剪切滑动，构造及其派生节理的扩展与含水层（体）导通。地质构造受采动影响易发生活化，同时在承压水联合作用下构造被弱化，其水力开度和透过率增大，因此容易造成构造和裂隙采动导通型突水[3]。

构造导通型突水模式可描述为在采动影响下构造发生活化引发局部裂隙扩展，使得保护煤柱底板压缩区连通裂隙发生沟通引发突水。对比断层致突型模式[11]，该模式将断层扩张裂隙作为主要研究对象，探讨煤柱、采动破坏底板空间位置分布特征，针对性相对较强[3]。

#### 2.2.2.3 隐伏构造滑剪型突水模式

隐伏构造滑剪型突水模式适用于构造平面分布不大，垂直距离有限的小型地质构造，如隐伏断层、隐伏陷落柱等。实测资料表明：该类构造底板导水裂隙带高度是无构造层的 2 倍左右，深部复杂应力环境条件更为明显。在高地应力和含水层作用下，构造容易发生剪切破坏，活化形成导水通道与采动裂隙贯通时诱发工作面突水[3]。

隐伏构造滑剪型突水模式可描述为构造上方断面岩层失稳发生剪切破坏造成承压水以最短距离涌入采空区。相比陷落柱突水型[75]和褶皱致突型模式[188]，该模式认为构造剪切破坏成为导水的关键因素，将单一或多种构造作为整体进行研究，因此适用性更为广泛[3]。

### 2.2.3　构造突水判据确定

#### 2.2.3.1　底板缺陷裂隙扩展型突水判据

由承压水挤入岩体受力模型[42]，挤入岩体裂隙的水压随着裂隙的深度和粗糙度的增大而降低，由此可得承压水在底板隔水层裂隙扩展深度[3]（$h_d$）（见图 2.6）：

$$h_d = \frac{B}{k'}\ln\frac{P_0}{P} \tag{2.15}$$

式中，$k'$ 为裂隙内表面的粗糙系数；$B$ 为裂隙的原始宽度；$P_0$ 为承压水的静水压力。假设当承压水的水压力 $P$ 降低到 1 个大气压时，裂隙不再发生扩展，则裂隙扩展深度可写为：

$$h_d = \frac{B}{k'}(2.29 + \ln P_0) \tag{2.16}$$

煤层底板的隔水层中存在的散面裂隙在垂直应力和水平应力共同作用下，在扩展区域内裂隙受到屈服应力影响，使得裂隙两端 $M$、$N$ 两处的强度因子受裂纹的倾角 $\alpha$ 影响较为明显（见图 2.7）。依据弹性断裂力学可知[189]，裂隙两端 $M$、$N$ 的应力强度因子 $K = K_1 + K_2$。$K_1$ 为均匀水压及围岩应力引起的应力强度因子，$K_2$ 为裂隙尖端扩展延伸宽度上受 $\sigma_t$ 引起的应力强度因子：

$$K_1 = [P - \gamma H(\sin\alpha + \lambda\cos\alpha)]\sqrt{\pi(a+b)}$$

$$K_2 = -2\sqrt{\frac{a+b}{\pi}}\sigma_t \arccos\left(\frac{a}{a+b}\right) \tag{2.17}$$

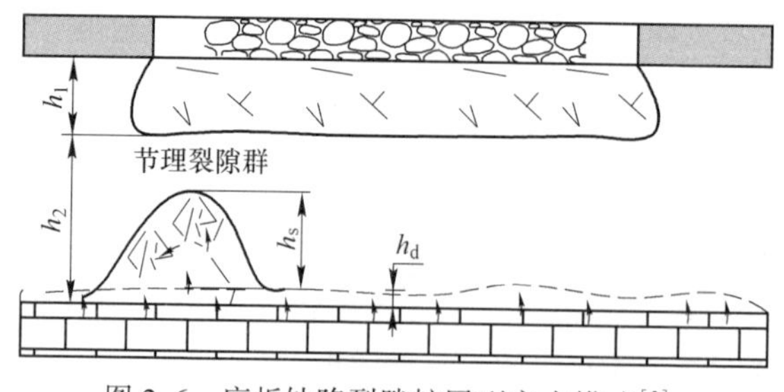


图 2.6　底板缺陷裂隙扩展型突水模式[3]

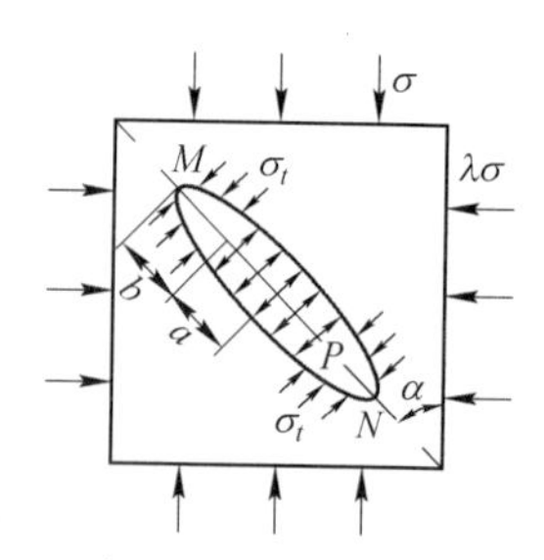


图 2.7　水压作用下裂隙受力模型[3]

式中，$a$ 为原始裂隙的平均长度；$H$ 为埋深；$\alpha$ 为裂隙倾角；$\gamma$ 为岩层容重；$\lambda$ 为测压系数；$b$ 为裂隙尖端扩展延伸长度。

当散面裂隙之间的有效距离小于 $2b$ 时，裂隙彼此相互贯通，造成承压水沿裂隙方向导升，进而散面裂隙导升高度 $h_s$ 可表示为：

$$h_s = \sum_{i=1}^{n} (a_i + b_i)\cos\alpha_i \tag{2.18}$$

式中，$\alpha_i$ 为区域内第 $i$ 条裂隙与垂向方向倾角；$a_i$ 为区域内第 $i$ 条裂隙原始平衡长度；$b_i$ 为区域内第 $i$ 条裂隙尖端扩展延伸长度。因此由公式（2.17）可知裂隙扩展高度随裂隙长度和承压水压力的存在线性正相关的变化趋势。当散面裂隙导水高度 $h_s$ 与承压水导升高度 $h_d$ 之和大于底板隔水层厚度 $h_2$ 时，承压水进入底板破坏范围 $h_1$，因此有发生突水的危险，即 $h_2<h_d+h_s$。

#### 2.2.3.2　构造导通型突水判据

受煤层开采扰动的影响，开采工作面岩体应力状态发生了改变，保护煤柱或开采煤壁下方底板岩层因支撑压力影响而产生压缩变形，岩体发生屈服破坏造成裂隙产生并扩展贯通。随着采动影响向底板传递，隔水层内裂隙发生贯通并与承压水相接，进而引发突水事故[3]。

本节以贯通煤层的断层为例，图 2.8 为原生通道在承压水作用下张开示意图，可以将断层局部张开过程化简为在承压水压作用下两端固定岩梁弯曲问题，由材料力学可知：

$$M(x) = \frac{hx}{6\sin x}(P - \gamma h\cos\alpha')\left(1 - \frac{x^2\sin^2\alpha'}{h^2}\right) \tag{2.19}$$

式中，$\alpha'$ 为断层倾角；$x$ 为计算点到端点的距离；$h$ 为煤层底板至含水层之间岩层厚度。

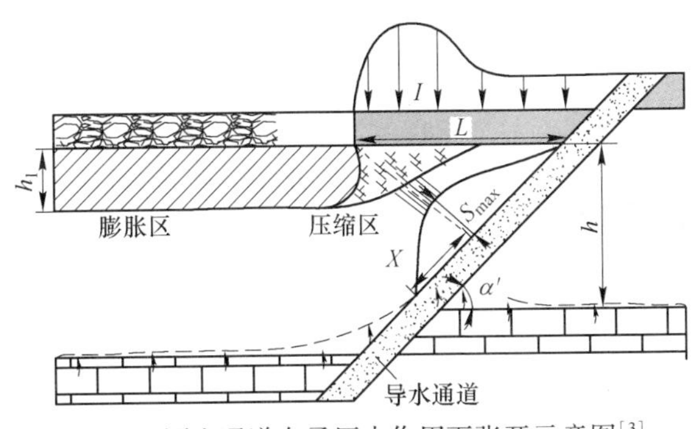


图 2.8　原生通道在承压水作用下张开示意图[3]

岩梁挠曲方程[12]为：

$$\frac{\mathrm{d}^2 s}{\mathrm{d}x^2}=\frac{M(x)}{EI} \tag{2.20}$$

式中，$s$ 为承压水作用下断层的张开位移，当 $x\in[0,\ x]$ 时，对式（2.20）积分得：

$$s=\frac{7(P-\gamma h\cos\alpha')x^4}{60EI} \tag{2.21}$$

又 $I=b'h'^3/12$，其中，$I$ 为惯性矩；$E$ 为弹性模量；$b'$ 为岩梁宽度；$h'$ 为岩梁高度，代入式（2.21）可得：

$$s=\frac{7(P-\gamma h\cos\alpha')x^4}{5Eb'h'^3} \tag{2.22}$$

由于受承压水高水压影响，在断层破碎带内的承压水不可避免地以绝对优势在距离最短的连通裂隙中流动[190]。因此当 $x=L'\cos\alpha'$ 时，$s$ 达到 $s_{\max}$，断层扩张后与底板压缩区产生的连通裂隙贯通，进而引发突水事故。此时原生导水通道突水判据可表示为：

$$L'<\frac{7(P-\gamma h\cos\alpha')L'^4\cos^4\alpha'}{5Eb'h'^3\sin\alpha'}+\frac{lh_1}{\sqrt{h_1^2+l^2}\sin\alpha'}$$

式中，$L'$ 为保护煤柱的宽度；$l$ 为煤柱超前支承应力影响区宽度；$h_1$ 为底板破坏深度。

#### 2.2.3.3 隐伏构造滑剪型突水判据

隐伏构造滑剪型构造带内岩体的强度相比完整岩层较低，因此，构造突水位置位于构造与底板完整岩层接触的局部区域内。根据隐伏构造的受力状态和分布特点，结合开采工作面和隐伏构造相对空间位置关系，将隐伏构造滑剪型突水模型概化为条块体突水判据模型。隐伏构造围岩破坏带范围相对较窄，构造上端与煤层底板之间岩层的厚度较大，常规采用梁或板的理论（宽厚比为5~7）并不适用该构造的突水判据。因此，可利用结构力学剪切破坏理论分析隐伏构造突水力学机制[190]。

将隐伏构造破碎带的分布形态假定为横截面为矩形的条块体，将具有一定厚度的块体置于无限大岩体中，矩形与岩体紧密接触于原岩应力为 $P_s$ 的应力场中，矩形内部受原生导水通道水压 $P$ 作用，存在以下 3 种情况，即模型内外受承压水压力和原岩应力共同作用、模型受承压水压力作用、模型受原岩应力作用，如图 2.9 所示。图 2.9 中，$a'$ 为构造破坏带宽度；$b''$ 为构造走向长度；$P$ 为承压水压力；$P_s$ 为原岩应力。

以煤层底板隐伏构造活化突水为例，建立隐伏构造条块体突水判据模型，如图 2.10 所示。当隐伏构造上端与底板岩层形成剪切面，总剪切力 $F$ 与抗剪切力达到极限平衡时，作用在构造端面上的总剪切力表示为：

$$F = \frac{a'b''}{\sin\alpha''}(P - r_g g h'' - Q) \tag{2.23}$$

式中，$a'$ 为构造破坏带宽度；$b''$ 为构造走向长度；$\alpha''$ 为构造水平倾角；$r_g$ 为底板岩层容重；$g$ 为重力加速度；$h''$ 为构造上方岩层厚度；$Q$ 为矿山压力显现极值。

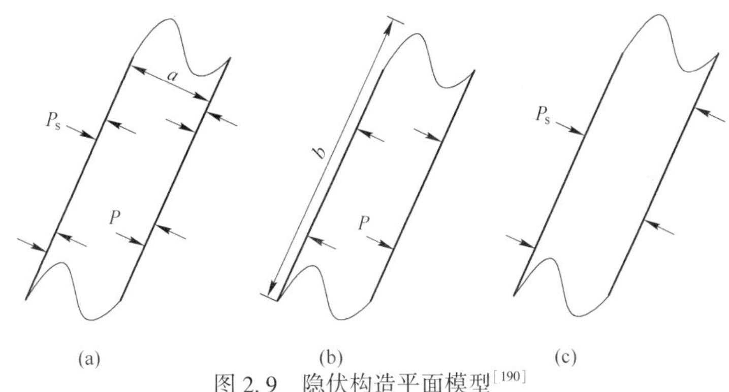


图 2.9 隐伏构造平面模型[190]

(a) 内外受力；(b) 内部受力；(c) 外部受力

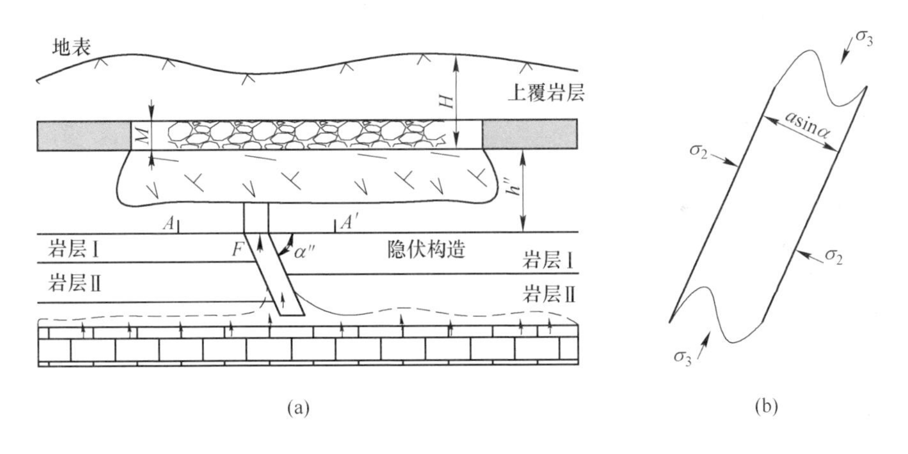


图 2.10 条块体突水判据模型[190]

(a) 模型剖面图；(b) AA′平面图

文献[191]推导出了煤矿开采采空区底板垂直应力迭代公式，并计算出了不同深度处底板的应力分布情况，经计算可知，距离底板浅处岩层垂直应力等值线梯度较大，深处岩层等值线梯度较小，得出底板下方不同位置处的最大应力系数。本节利用其计算结果拟合应力系数与 $h''$ 的关系，并计算出 $Q$ 的取值：

$$\begin{cases} Q = 2.554\mathrm{e}^{-0.0404h''}(r_d H + r_g h'')g, & h'' < 40m \\ Q = [0.6235\ln h'' - 1.5199](r_d H + r_g h'')g, & h'' \geq 40m \end{cases} \tag{2.24}$$

式中，$r_d$ 为顶板岩层的容重；$H$ 为埋深。

岩石结构面四周壁单位长度的剪切力为：

$$f = \frac{F}{2b'' + 2a'/\sin\alpha''} \tag{2.25}$$

$\sigma_2$、$\sigma_3$ 为模型作用在构造剪切面的水平主应力，为了简化计算，假设地应力的水平分量各向相等，即 $\sigma_2 = \sigma_3$。剪切面上单位长度的抗剪力为：

$$\tau = h''(\sigma_2\tan\varphi + \tau_c) \tag{2.26}$$

式中，$\varphi$ 为内摩擦角；$\tau_c$ 为黏聚力。

地应力的水平分量与垂直分量 $\sigma_v$ 遵循金尼克假说：

$$\sigma_2 = \frac{v}{1 - v}\sigma_v \tag{2.27}$$

式中，$v$ 为底板岩石的泊松比。

计算式（2.27）可得

$$\sigma_2 = v\left[(H - M)r_d + \frac{1}{h''}r_g\int_0^{h''}x'\mathrm{d}x'\right] \tag{2.28}$$

将式（2.29）带入式（2.28）中可得

$$\tau = \frac{1}{2}h''^2 v\tan\theta + h''[(H - M) + r_d v\tan\theta + \tau_c] \tag{2.29}$$

式中，$M$ 为采高。

当剪切面的剪应力与抗剪力达到平衡时，有 $f=\tau$，求解可知当深部承压水压力达到极限时，构造剪涨破坏发生突水，得到隐伏构造突水判据[190]：

$$P > \left(\frac{2}{a'}\sin\alpha'' + \frac{2}{b''}\right)\left[\frac{1}{2}h''^2 r_g v\tan\theta + h''(H - M)\right] + \left(\frac{2}{a''}\sin\alpha'' + \frac{2}{b''}\right)(r_d v\tan\theta + h''\tau_c) + r_g g h'' + Q \tag{2.30}$$

条块体突水判据模型发生剪切破坏突水时的承压水水压的极限值受多重因数的共同作用，由公式（2.30）可知，煤层的埋深、采高、围岩的岩石力学性质、构造端面距开采底板的距离和形态均对该值产生影响。其中，承压水水压的极限值与构造端面距开采底板的距离呈现二次关系，因此，隐伏构造空间位置及分布形态是构造突水发生的关键。

# 3 缺陷岩体单轴压缩强弱部分协同失稳特征

由第2章不同类型缺陷突水机理分析可知，构造活化导致围岩裂隙扩展形成导水通道成为矿井水害发生的主要原因。开采扰动下，构造和完整围岩按照不同的损伤失稳规律对采场整体力学特性产生影响。完整围岩发生失稳破坏过程中受到很多因素的影响，受多个局部区域的共同控制。构造和完整岩体在失稳过程中的相互作用程度如何，以及其对岩体失稳过程起到什么作用，这方面的问题值得进一步深入研究。

在本章中，利用室内岩石力学试验探究不同缺陷岩体在破坏过程中强段和弱段之间的相互作用，进而探讨岩体失稳过程中各部分相互作用。首先，通过对含有不同尺寸的预制缺陷的红砂岩进行单轴压缩试验，收集实验过程中应力、应变和声发射数据，从多角度研究不同缺陷尺寸的红砂岩破坏形式及亚失稳阶段完整部分和缺陷部分相互作用特征。其次，利用石膏类岩石组合岩体实现强段单元体之间相互作用试验研究，利用位移传感器和应力传感器数据采集结果，分析了组合岩体失稳破坏前岩体由独立活动到整体协同破坏的转化过程。

## 3.1 缺陷岩体失稳过程加速协同破坏机制

### 3.1.1 缺陷岩体加速协同破坏特征

缺陷岩体的存在能从根本上影响周围介质的力学性质和工程稳定性，表现为缺陷周围应力环境发生重大变化，缺陷体与周围介质的力学性质有本质区别[192,193]。这种不连续的复杂地质体，不但含有微裂纹、微孔洞等微观缺陷，而且含有节理、裂隙等宏观缺陷，因此可将其称为缺陷岩体。

由第1章缺陷岩体研究现状可知，大多数学者针对缺陷岩体的研究往往集中在损伤力学、断裂力学方面进行研究，大多数考虑的为不同尺寸缺陷对岩体力学性质的影响，以及宏、微观裂隙扩展规律研究。缺陷岩体是包含相对完整部分和含有缺陷部分的损伤材料，在外力作用下两者将按照不同的损伤失稳规律对缺陷岩体整体力学特性产生影响，而两者在失稳过程中的协同作用程度如何，以及其对岩体失稳过程起到什么作用，是有待深入研究的一个重要课题。

协同学着重探讨各种系统从无序变为有序时的相似性。所谓的缺陷岩体协同破坏指的是在作用力作用出现之前，缺陷岩体内的强段和弱段之间的关联很弱，各区域单元之间保持自发的无规则的独立运动而相互影响甚微。当作用力不断变化达到阈值时，岩体达到峰值强度，强段与弱段的关联性强于单元的独立运动，并且成为主导作用，形成了各区域之间的协同运动[194]。协同学在工程领域[195,196]监测断层不同部位应变特征，认为断层协同程度是判定断层所处应力状态的标志，进而研究断层进入发生地震的临界状态。协同学不仅在工程领域得到应用，同时在能源、地质和生物等方面也得到广泛应用[197,198]。如何用协同程度去预判缺陷岩体的失稳，强段与弱段之间的协同程度的快慢对缺陷岩体在失稳阶段起到什么作用，这些问题值得去分析和探讨。

缺陷岩体发生失稳破坏受到很多因素的影响，其中最重要的是，岩体并不是孤立存在的，相对的强段和弱段均为岩体的局部区域，岩体运动受多个局部区域的共同控制。岩石室内压缩试验[197]，将岩石的失稳变形过程分为压密阶段、弹性阶段、塑性阶段和残余变形阶段，但是对于协同运动阶段的界定比较模糊。Ma J.[199]结合在实验室便于对压机信息和场上物理量的观测信息进行对比的优势，结合多物理场的观测结果，开展对断层失稳阶段位移场、应变场的观测研究。本节参考类似的研究成果[200]，将偏离线性阶段、亚失稳阶段和失稳阶段等关键时段[201,202]应用于本节试验，把应力作用下缺陷岩体表现出的信息，与应力-应变-时间过程的关键时刻相互联系，进行实验结果的分析。

### 3.1.2 失稳过程加速协同作用分区特性

在常规岩石力学试验中，单轴压缩试验为表征岩石的加载响应提供了一种简单而有效的方法。将岩石试样置于压力试验机中，在轴向进行位移控制或应力控制，同时保证试件径向压力为0，试件由开始到破坏过程中试验机记录监测的相关的实验数据，进而计算得到应力应变曲线。从得到的应力应变曲线中，可以清晰地反映出岩石试样在各个破坏阶段的破坏特征及承载特性。一般单轴压缩过程产生的应力应变曲线可以分为4个部分：压实阶段（$a$ 到 $b$）、弹性阶段（$b$ 到 $c$）、塑性阶段（$c$ 到 $d$）和峰后阶段（$d$ 到 $e$），如图3.1所示。

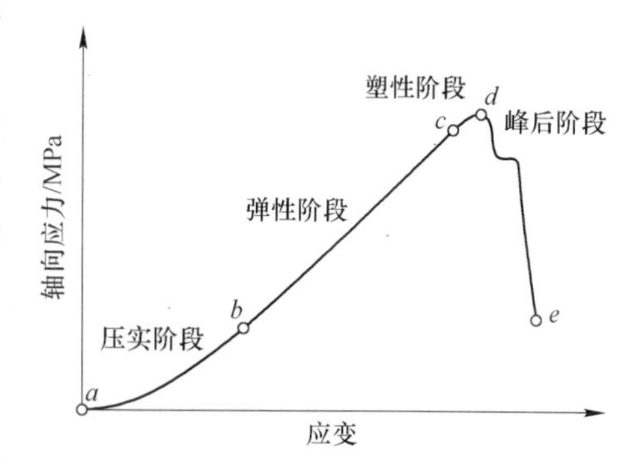


图3.1 应力应变曲线及应力阶段划分

根据文献[196，199]研究可知，缺陷岩体发生协同破坏主要发生在强线性偏离阶段和失稳阶段，不同阶段缺陷岩体在加载过程中所表现的应力、应变等物理场信息将存在明显的不同。在该阶段产生协同作用的原因是由强弱段的相互作用决定的。一般情况下，当作用力达到阈值之前，缺陷岩体内各区域单元之间保持自发的无规则的独立运动而相互影响甚微；进入强线性偏离阶段和失稳阶段，强弱段的关联性强于单元的独立运动，并且成为主导作用，形成了各区域之间的协同运动，因此，协同作用具有分区特性。

在实验室条件下，通过收集物理场信息并对其变化规律分析成为研究协同作用过程的重要手段。因此，引用之前学者的研究成果，将强线性偏离阶段、亚失稳阶段和失稳阶段等阶段划分方法引入本节研究方法中。图3.2为由加载试验机导出应力应变曲线对应的应力时间曲线，在应力时间曲线中利用字母标记了关键时刻点对应的应力值，在图3.2中 $LM(b-c)$ 段为线性变形阶段，该阶段内岩石发生弹性变形且弹性模型基本不变；$MO(c-d)$ 段为偏离线性阶段，该阶段内应力应变曲线呈上凹趋势，岩石出现微破裂发生塑性变形，该时段内应力场发生变化；*OB* 段为亚失稳阶段，该阶段特点为曲线峰值后下滑，岩石内部裂隙扩展并相互贯通。亚失稳阶段位于应力峰值点和快速失稳点之间，在该阶段应力应变的关系可能出现非线性波动，而这是缺陷岩体进入快速失稳的关键阶段，同样是应变积累到应变释放的相持阶段。*B* 点之后曲线进入失稳阶段，岩石内部结构发生破坏，裂隙快速发展且贯通形成宏观的断裂面。*O* 点为峰值强度，*NO* 段为强偏离线性阶段，应力增加速率较低；*OA* 段为静态亚失稳阶段，应力时间曲线上表现为应力变化转平、下降或平稳波动；*AB* 段为动态亚失稳阶段，表现为曲线变化的快速下降。

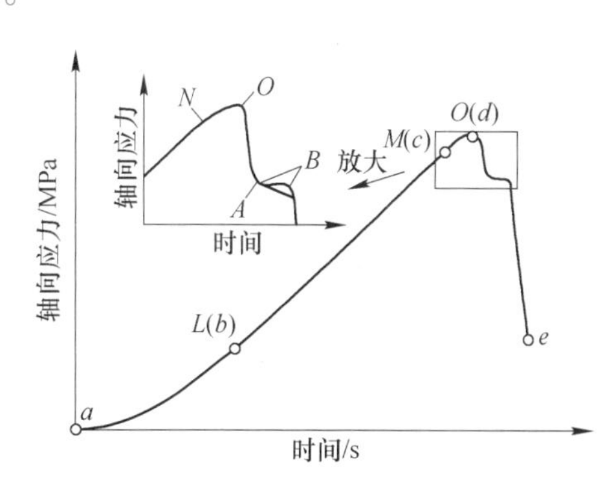


图3.2　应力时间曲线及失稳阶段划分

## 3.2　宏观尺寸缺陷岩体协同破坏特征

### 3.2.1　预制缺陷红砂岩制作及试验设计

#### 3.2.1.1　预制缺陷红砂岩方案设计

选择均匀性和完整性较好的红砂岩作为实验材料。依据国际岩石力学试验标准，将红砂岩加工成长×宽×高为50mm×50mm×100mm标准矩形岩石样品。为了模拟岩石中存在的缺陷，使用岩石切割机沿红砂岩试样两侧切割不同尺寸的裂纹，并采用水泥浆进行充填。室内环境下，水泥浆由325水泥和水混合而成，其中水泥与水的质量比为2∶1。岩石力学试验结果显示，水灰比0.5的水泥标准试样抗压强度为32MPa，抗拉强度为5.5MPa，密度为3.0g/cm$^3$。完整红砂岩试样单轴抗压强度为50.7MPa，与水泥标准试样（水灰比0.5）单轴抗压强度相差18.7MPa，因此利用强度的差别可利用水泥浆作模拟构造。

本实验设计4组缺陷岩体，试验方案详见表3.1和图3.3。首先利用切割机对红砂岩进行切割，保证每条切割裂隙的平均宽度为5mm，且裂隙端部为椭圆形；其次，使用注射器向切割裂隙注入水泥浆，并用防水胶带固定在红砂岩表面。待充填水泥浆完成后，将制作好的缺陷岩体（见图3.4）放置于保温箱中养护28d。对养护完成后的试样进行伺服位移加载控制的单轴压缩试验，试件轴向位移速率为0.001mm/s。

**表3.1　含缺陷红砂岩尺寸设计方案**

| 编号 | $D$/mm | $H$/mm | $\alpha$/(°) | $h$/mm | $l$/mm | $l/D$ |
|---|---|---|---|---|---|---|
| 1-1 | 50 | 100 | 45 | 35 | 35 | 0.7 |
| 1-2 | 50 | 100 | 45 | 25 | 25 | 0.5 |
| 1-3 | 50 | 100 | 45 | 15 | 15 | 0.3 |
| 1-4 | 50 | 100 | 45 | 0 | 0 | 0 |

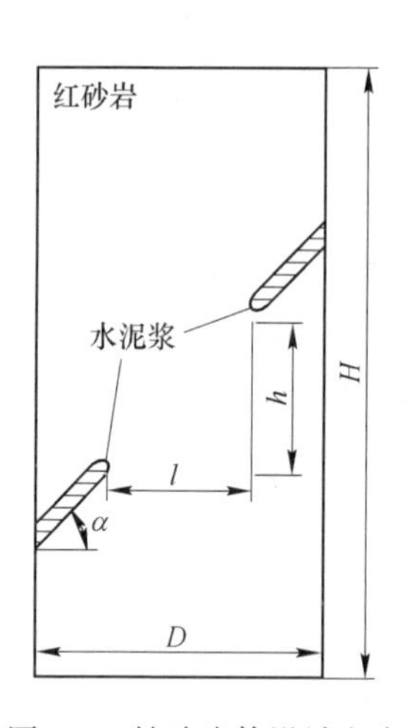


图3.3　缺陷岩体设计方案

#### 3.2.1.2　试验设备选择及数据采集

A　试验加载系统及加载方式

为完整的记录试件加载过程中产生的应力和应变，利用AG-X250试验机进行轴向加载单轴试验，该加载试验机具有精度较高、数据采集稳定性较好等特

图 3.4　制作完成红砂岩缺陷岩体

点，同时该设备可以实现的最大加载载荷为 250kN。本实验加载方式选用位移控制加载，加载速率为 0.001mm/s。为较好的获取试样破坏后的峰后曲线，试验机灵敏度设置为 80%，即当轴向承载压力减小量达 80%的抗压强度时，试验机自动停止。

B　应变监测系统

采用东华 DH-3816N 型静态应变测试仪器（见图 3.5（a））进行实验过程中的应变数据采集，采样间隔为 60 点/分钟，应变灵敏度系数为 1.0~3.0。应变传感器选用 BX120-3AA 应变片，电阻值为（120±1）Ω，基长×基宽为 6.6mm×3.6mm，栅长×栅宽为 3.0mm×2.2mm，灵敏度系数为（2.0±1)%，应变极限为 2000μm/m。每个红砂岩试样表面布置 2 个应变片，传感器自上而下依次编号为 S1 和 S2，其中 S1 垂直于缺陷倾向布置，S2 平行于缺陷倾向布置。完整红砂岩和 4 组缺陷岩体中应变片位置相同，具体布置方案如图 3.5（b）所示，实物图如图 3.5（c）所示。

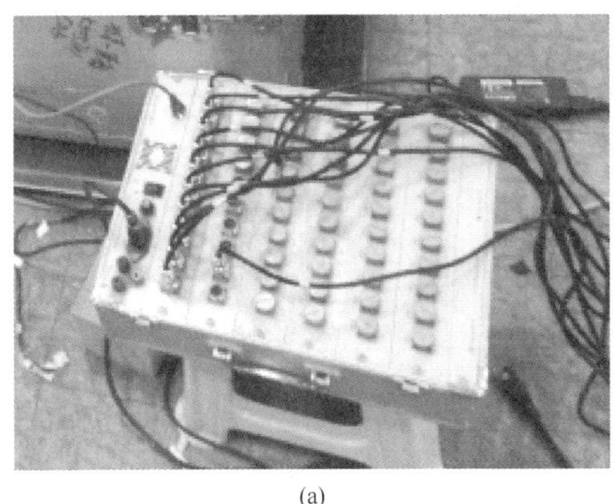

(a)

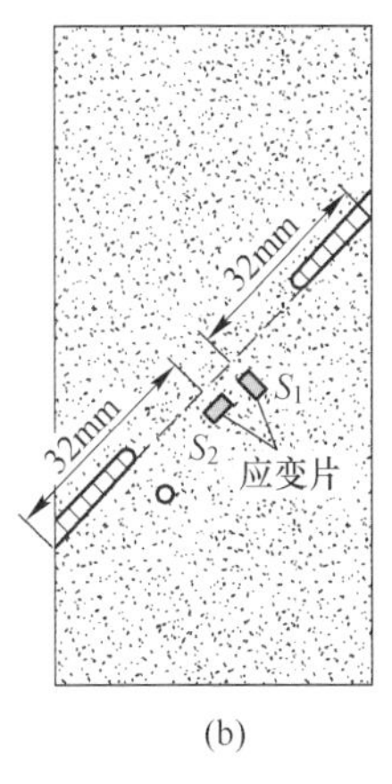


(b)

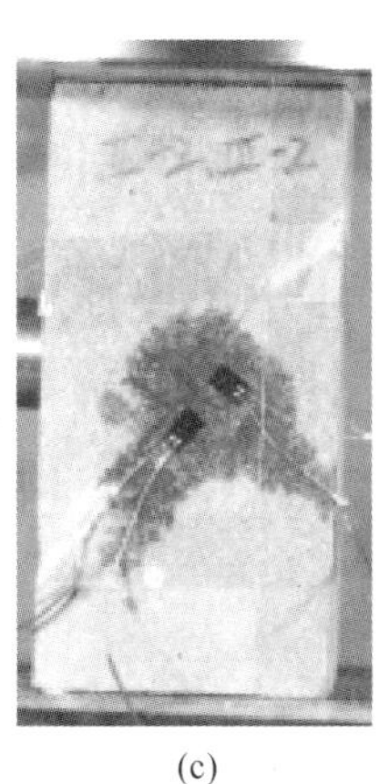

(c)

图 3.5　应变监测试验系统

（a）DH-3816N 静态应变测试系统；（b）应变片布置位置；（c）传感器布置实物图

C　声发射监测系统及高速摄像系统

本试验选用由美国物理声学公司生产的 MISTRAS 系列[203] PCI 声发射系统进行单轴加载过程中试件声发射事件的监测，声发射系统运用 PCI-2 主板，设备具有监测数据稳定性高和精度高等特点，同时，该设备在背景复杂噪声干扰下的监测效果较好，能够瞬时进行特征数据参数的提取和波形的进一步处理。设备选用十八位 A/D 转换数字信号处理模块，实现了在加载过程中对试样破坏对外释放声发射信号的六通道瞬时采集、数据过滤处理以及实时分析。

采用 SONY4K 高速摄像机捕捉表面裂纹传播全过程。试验选用单通道声发射探头，将探头布置于试件侧面中心位置面，具体几何参数如图 3.6 所示。试验系统整体原理图如图 3.7 所示。声发射传感器利用透明胶带固定在试验材料两个侧面的中心位置处，在对试样加载开始前利用断铅实验实现对声发射传感器探头的测试，进而保证试验过程中声发射探头的监测数据幅值信号在 90dB 以上。AE 通道门槛值大小为 40dB，幅度门槛值为 6dB，前放增益 40dB，传感器谐振频率为 20~100kHz，数据采集频率为 $10^6$次/秒。

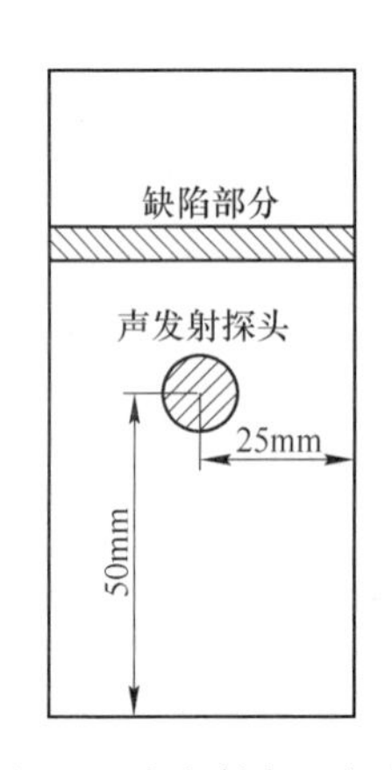

图 3.6　声发射布置方式

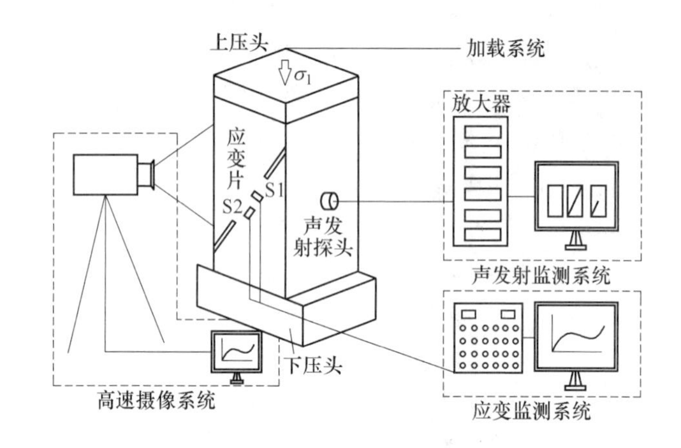

图 3.7　试验系统原理图

### 3.2.2　预制缺陷红砂岩破坏特征分析

#### 3.2.2.1　缺陷岩体强度变化及破坏形式

试验制作的红砂岩包含缺陷部分，相比于完整红砂岩受缺陷部分的影响缺陷试样的力学特征和形变特性发生不同程度改变。通过对试验样品的单轴压缩试验，结果分析发现含不同缺陷尺寸的试样的轴向应力变化及破坏形式存在明显的区别。

图 3.8 为不同缺陷尺寸红砂岩单轴加载状态下轴向应力随时间变化趋势图。试验结果显示完整红砂岩的抗压强度为 50.7MPa，含缺陷红砂岩样品 No.1~4 抗压强度分别为 45.7MPa、27.5MPa、30.3MPa 和 24.5MPa，与完整红砂岩试样相比，缺陷红砂岩试样抗压强度明显降低。由于缺陷的存在造成岩体承载能力下降，同时缺陷尺寸的增大在一定程度上促使岩体承载能力的降低，试样 No.4 抗压强度下降达最大值 46.4%。由峰值强度可知，试样抗压强度并没有随着缺陷尺寸的增加而降低（如 No.2）。通过试样破坏形式可以看出，受尺寸效应影响，No.2 在加载过程中首先在试件端面产生裂纹，进而造成局部的劈裂拉伸破坏，造成峰值强度降低程度较大。

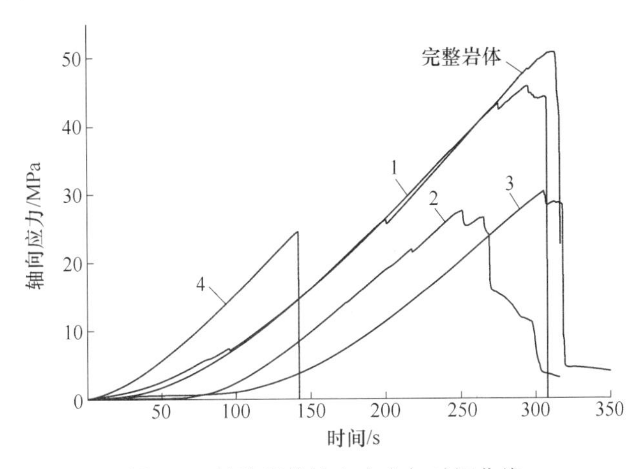


图 3.8 缺陷岩体轴向应力与时间曲线

含缺陷红砂岩以拉伸破坏为主，并伴随局部剪切破坏，如图 3.9 所示。No.1~No.3 试样均在缺陷部分端部产生贯穿试样的拉伸裂纹，方向沿垂直加载方向传播。No.4 中的缺陷部分贯穿整个试样，受加载应力影响试样发生缺陷部分沿断面滑剪破坏。不同缺陷尺寸对试样造成不同程度的破坏，结合失稳阶段应力变化特征，试样具体的破坏过程在 3.2.2.2 节给出详细的分析。

#### 3.2.2.2 失稳过程缺陷岩体协同破坏特征

图 3.10 为失稳阶段应力随时间的变化趋势以及对应的试样破坏形式，其中应力-时间曲线中对应的关键点用字母标出。完整红砂岩试样在 312.5s 轴向应力接近峰值强度（$O$ 点）（见图 3.10（a）），在 314.5s 后进入亚失稳阶段（$A$ 点），在 316s 进入完全失稳阶段。完整红砂岩试样在实验开始至峰值强度期间，试件表面没有明显的裂纹产生和扩展。直到完全失稳阶段（$B$ 点以后），在试样的两端首先出现拉伸裂纹，试样的主要破坏形式是拉伸破坏，局部发生剪切破坏。

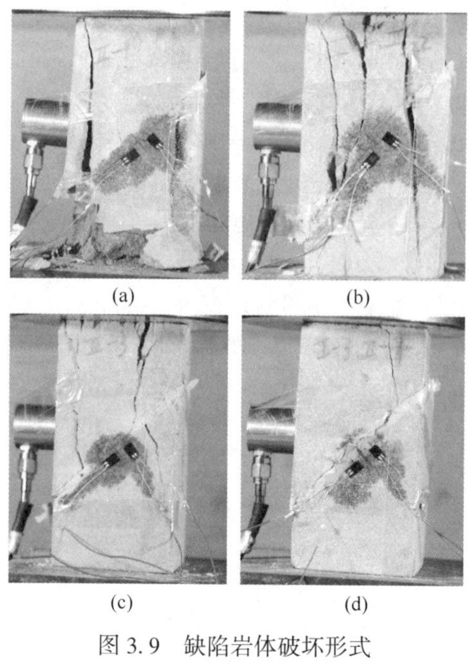


图 3.9　缺陷岩体破坏形式
(a) 1；(b) 2；(c) 3；(d) 4

No. 1~4 试样包含不同尺寸大小的缺陷部分，由于加载过程中缺陷部分应力集中程度的不同导致试样产生不同的破坏形式。当 $l/D=0.7$（No. 1，图 3.10（b）），试样进入 *O-A* 段的时间为 294. 5~295. 5s，进入 *O-B* 段的时间为 295. 5~297. 0s。当轴向应力加载到 *O* 点时，试样下端缺陷部分尖端首先产生裂纹，并沿着轴向应力方向稳定传播。在 *O-A* 阶段，应力曲线直线下降，轴向应力骤降，但是在该阶段未发生破坏，试样表面不再产生新的裂隙，同时裂纹未发生进一步扩展。应力曲线在 *A* 点之后，轴向应力保持稳定波动直至 *B* 点后拉伸裂纹相连接。由此可以看出，*B* 点之后试验材料破坏加剧，拉伸破坏成为试件的主要破坏形式。

如图 3. 10（c）和图 3. 10（d）所示，试样 No. 1、No. 2 和 No. 3 在 *OB* 阶段的轴向应力随时间的变化趋势相似。在 *O-A* 阶段，轴向应力呈线性下降，*A-B* 段应力曲线保持稳定波动，*B* 点之后缓慢下降。当 $l/D=0.5$（No. 2，图 3. 10（c）），*O* 点对应的时间点为 250. 5s，*A-B* 阶段的时间为 253. 0~264. 0s。试样达到峰值强度后，初生裂纹首先产生与上下端部缺陷部分的尖端，产生的裂纹在 *A* 点之后沿着轴向应力的方向扩展；在 *A-B* 阶段试样裂纹发生贯通，损伤程度进一步增大；*B* 点之后试样在短时间内释放大量的能量并发生突然的破坏，导致承载能力急剧下降。当 $l/D=0.3$（No. 3，图 3. 10（d）），*O-A* 阶段对应的时间点为 305. 5~307. 0s，*A-B* 阶段对应的时间为 307. 0~318. 0s，在 *OB* 阶段试样 No. 3 的应力变化趋势和破坏形式类似于 No. 2。两种试样的主要破坏形式为拉伸破坏，岩石损伤首先发生于缺陷部位。

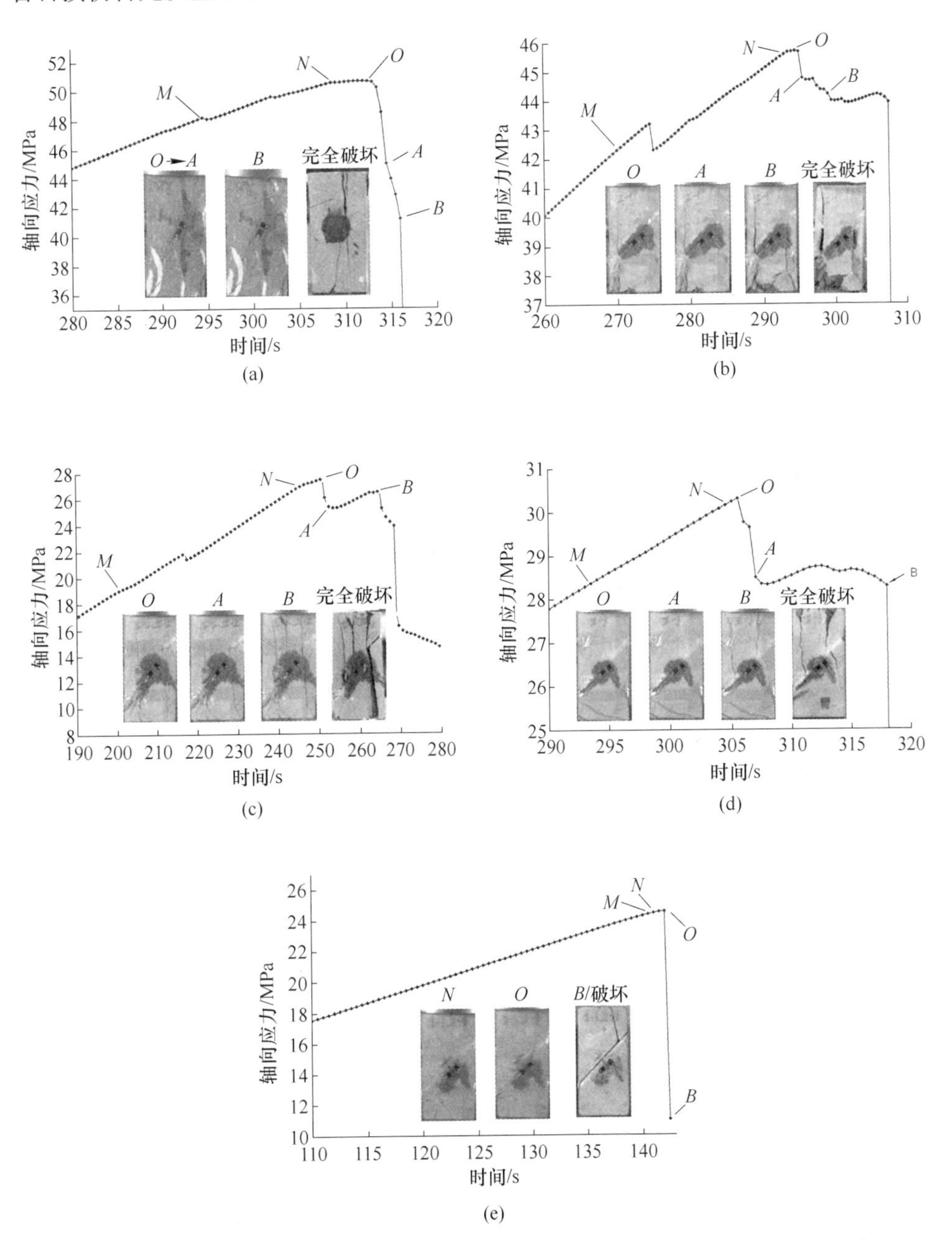


图 3.10 关键点处应力随时间的变化及相应的破坏模式

(a) 完整红砂岩；(b) No. 1 ($l/D$=0.7)；(c) No. 2 ($l/D$=0.5)；(d) No. 3 ($l/D$=0.3)；(e) No. 4 ($l/D$=0)

试样 No. 4（$l/D=0$）所包含的缺陷部分完全贯穿红砂岩，其破坏形式与其他试样不同，如图 3. 10（e）所示。No. 4 的破坏形式以剪切破坏为主，试样沿缺陷部分和完整部分的分断面发生滑剪破坏，从局部剪切破坏逐步发展为全断面的剪切破坏。在 142. 0s 时试样接近峰值强度（*O* 点），进入完全失稳阶段在 142. 5s（*B* 点）之后，在亚失稳阶段中并没有静态亚失稳阶段（*OA*）。试样加载至 *O* 点后，缺陷部分出现较多的裂纹并发生扩展，直至 *B* 点试样整体发生滑移。

### 3. 2. 3　预制缺陷红砂岩亚失稳阶段分区特性

由试验结果可知，完整红砂岩中静态亚失稳阶段（*OA*）占亚失稳阶段的比例为 57. 1%，而动态亚失稳阶段（*AB*）占 42. 9%。当 $l/D$ 为 0. 7、0. 5、0. 3 和 0 时，*OA* 阶段占 *OB* 段的比例分别为 40%、18. 5%、12%和 0，*AB* 阶段占 *OB* 阶段的比例分别为 60%、81. 5%、88%和 100%，如图 3. 11 所示。随着缺陷尺寸的增加，静态亚失稳阶段占亚失稳阶段的比例逐渐减小，动态亚失稳阶段所占比例逐渐增大。结合缺陷红砂岩在不同时间的破坏形式可知，随着缺陷尺寸的增大，红砂岩内积聚的弹性能释放持续时间越长，岩体的破坏具有长时性。

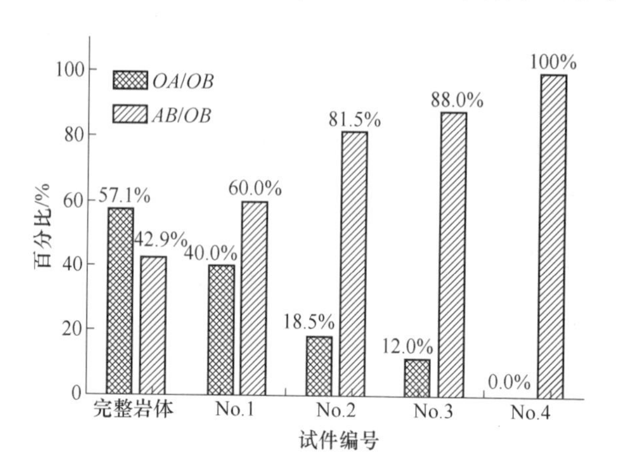


图 3. 11　*OA* 段和 *AB* 段占亚失稳阶段百分比

通过对多组试验数据的分析，不同尺寸缺陷岩体在不同应力阶段缺陷部分对完整部分存在不同程度的相互作用形式。缺陷岩体在失稳过程中可以分为 3 个关键阶段：强偏离线性阶段（*NO*）、静态亚稳定阶段（*OA*）和动态亚稳定阶段（*AB*）。在强偏离线性阶段，缺陷部分首先发生破坏，该部位首次出现裂纹的萌生和扩展，在该阶段缺陷岩体中的完整部分基本不发生破坏，同时缺陷部分对完整部分的作用程度较弱，完整部分继续承受大部分载荷。在亚失稳阶段，缺陷部分裂纹扩展迅速，相互连接，并造成完整部分发生损伤。在亚失稳阶段岩石的缺陷部分和相对完整部分相互作用程度达到最大值。进入完全失稳阶段缺陷岩体随即发生完全破坏。

### 3.2.4 缺陷影响下岩体完整部分应变变化分析

#### 3.2.4.1 缺陷岩体应变变化特征段划分

由图 3.12（a）、图 3.12（c）、图 3.12（e）和图 3.12（g）缺陷岩体应变变化特征可知，不同缺陷尺寸的红砂岩相对完整部分的应变变化趋势基本一致，可以将其划分为三个特征段，即

（1）压实阶段、弹性阶段和塑性阶段前期，随着加载应力增加，缺陷红砂岩相对完整部分应变持续增加，并伴随轴向应力波动而产生局部变化。

（2）塑性阶段后期（强偏离线性阶段）到亚失稳阶段，缺陷红砂岩相对完整部分应变发生由缓慢波动-剧烈波动的变化，产生应变监测点数据的剧烈波动，与早期的平稳变化存在明显的差异，因此，该特征段是判定缺陷岩体进入全面失稳的关键阶段。

（3）失稳阶段，试验试件在该阶段已发生完全破坏，缺陷红砂岩相对完整部分应变稳定在某一值，或归为 0，表明试件完全破坏。

#### 3.2.4.2 缺陷岩体亚失稳阶段应变突变特征

由 3.2.3 节不同缺陷尺寸岩体破坏模式可知，试件 No.1、No.2 和 No.3 破坏过程基本相似，并区别于试件 No.4 突然发生的滑剪破坏，由图 3.12（b）、图 3.12（d）、图 3.12（f）和图 3.12（h）亚失稳阶段应变变化趋势图可知，受滑剪破坏的影响试件 No.1~4 未产生典型的亚失稳阶段，并且应变变化与其他试件存在较大区别，因此本节着重分析试件 No.1~3 应变变化。

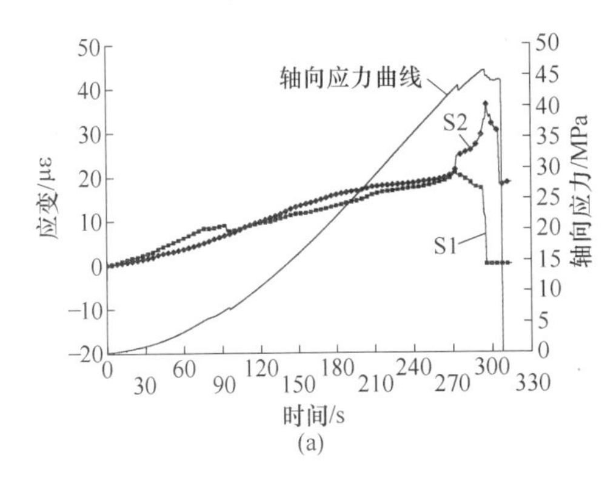

(a)

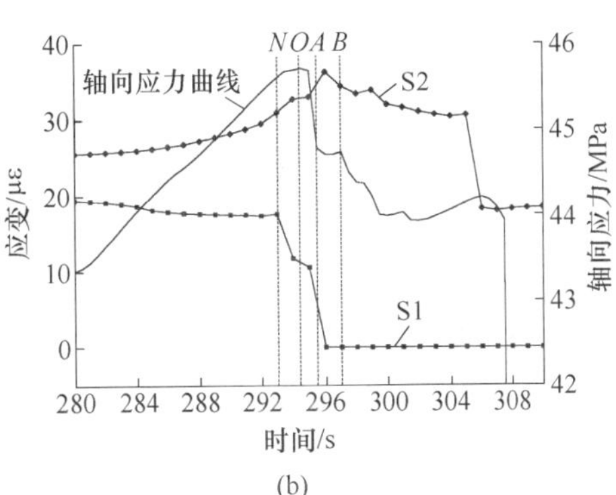

(b)

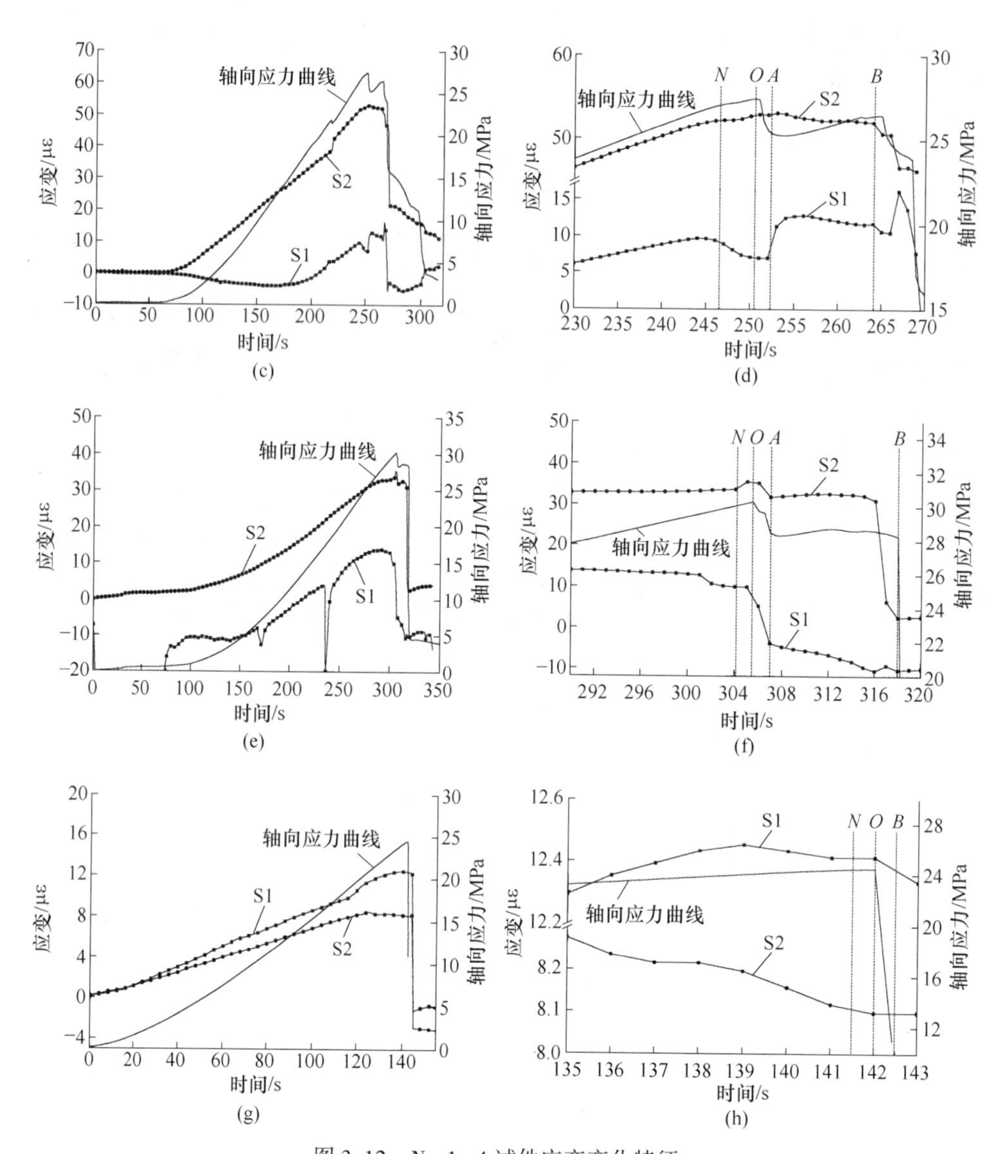


图 3.12　No. 1~4 试件应变变化特征

（a）No. 1 试件整体过程应变变化；（b）No. 1 试件亚失稳阶段应变变化；（c）No. 2 试件整体过程应变变化；（d）No. 2 试件亚失稳阶段应变变化；（e）No. 3 试件整体过程应变变化；（f）No. 3 试件亚失稳阶段应变变化；（g）No. 4 试件整体过程应变变化；（h）No. 4 试件亚失稳阶段应变变化

在试件 No. 1 S1 应变表现为强偏离线性阶段（*NO*）加速增加-静态亚失稳阶段（*OA*）基本稳定-动态亚失稳阶段（*AB*）急剧突增后突降；S2 应变表现为 *NO* 段骤降-*OA* 段基本稳定-*AB* 段急剧降低为 0，如图 3.10（b）所示。其中，S1 在 *NO* 段应变增加+2με，在 *AB* 段急剧突增+5με 后突降−4με；S2 在 *NO* 段突降−7με，在 *AB*

段急剧突降-10με。传感器 S1 和 S2 所处的协调影响区域如图 3.13 所示。因此可以看出，在强偏离线性阶段（*NO*）缺陷岩体首先发射出失稳信号，如应变的突然增加或降低，但该阶段释放的信号程度较低；在静态亚失稳阶段（*OA*）缺陷岩体保持阶段性稳定特征；在动态亚失稳阶段（*AB*）缺陷岩体释放剧烈的失稳信号，如应变改变量高达 50%，该阶段预示缺陷岩体即将发生全面失稳。

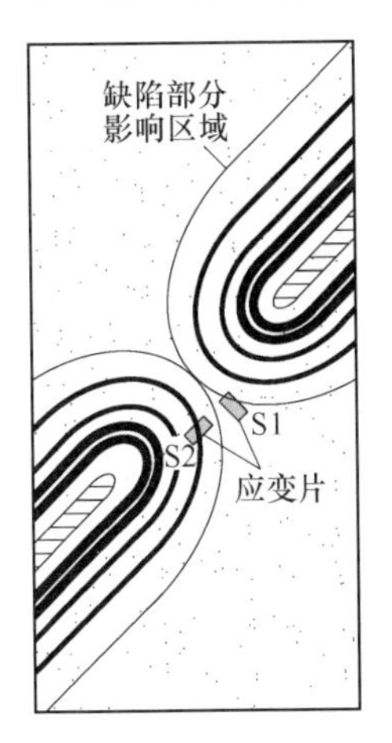


图 3.13　协同作用影响区域

试件 No. 2 和 No. 3 中 S1 和 S2 在 *N-B* 段表现出与试件 No. 1 相似的变化趋势，即具有 *NO* 段发生明显应变变化，在 *AB* 段急剧变化的特征。但是相对于试件 No. 1 应变的变化程度 No. 2 和 No. 3 应变降低，产生该现象的原因是缺陷部分的尺寸的差异性造成的。在固定尺寸的红砂岩中，随着缺陷部分所占比例的增大，缺陷部分对红砂岩完整部分造成的影响越大；在相同的外部加载环境下，当缺陷部分比例较小时（如试件 No. 1），缺陷部分发生破坏释放的应变能较低，进而完整部分红砂岩积累的应变能相对较多，因此在失稳过程中释放的物理信号（应变片位于红砂岩完整部位）越明显；当缺陷比例较大时（见图 3.12（b）），缺陷部分应力集中程度较大造成释放的应变能较多，进而完整部分失稳过程中释放的物理信号较为不明显。

### 3.2.5　缺陷红砂岩失稳过程声发射特征分析

图 3.14 为 4 组试件亚失稳阶段声发射信号特征，其中包含幅值-时间-应力变化曲线和能量-时间-应力变化曲线，试验过程中选取的声发射能量信号表示为波形信号数据的包络面积，可以将其归属为积分面积。

由声发射监测数据可以清晰看出，No. 4 试件由于发生突然滑剪失稳，在试件失稳阶段并没有产生较多的 AE 事件，图 3.14（g）和图 3.14（h）中在该过程没有产生明显的能量和幅值。试件 No. 4 在 137s 时，传感器监测到幅值和能量

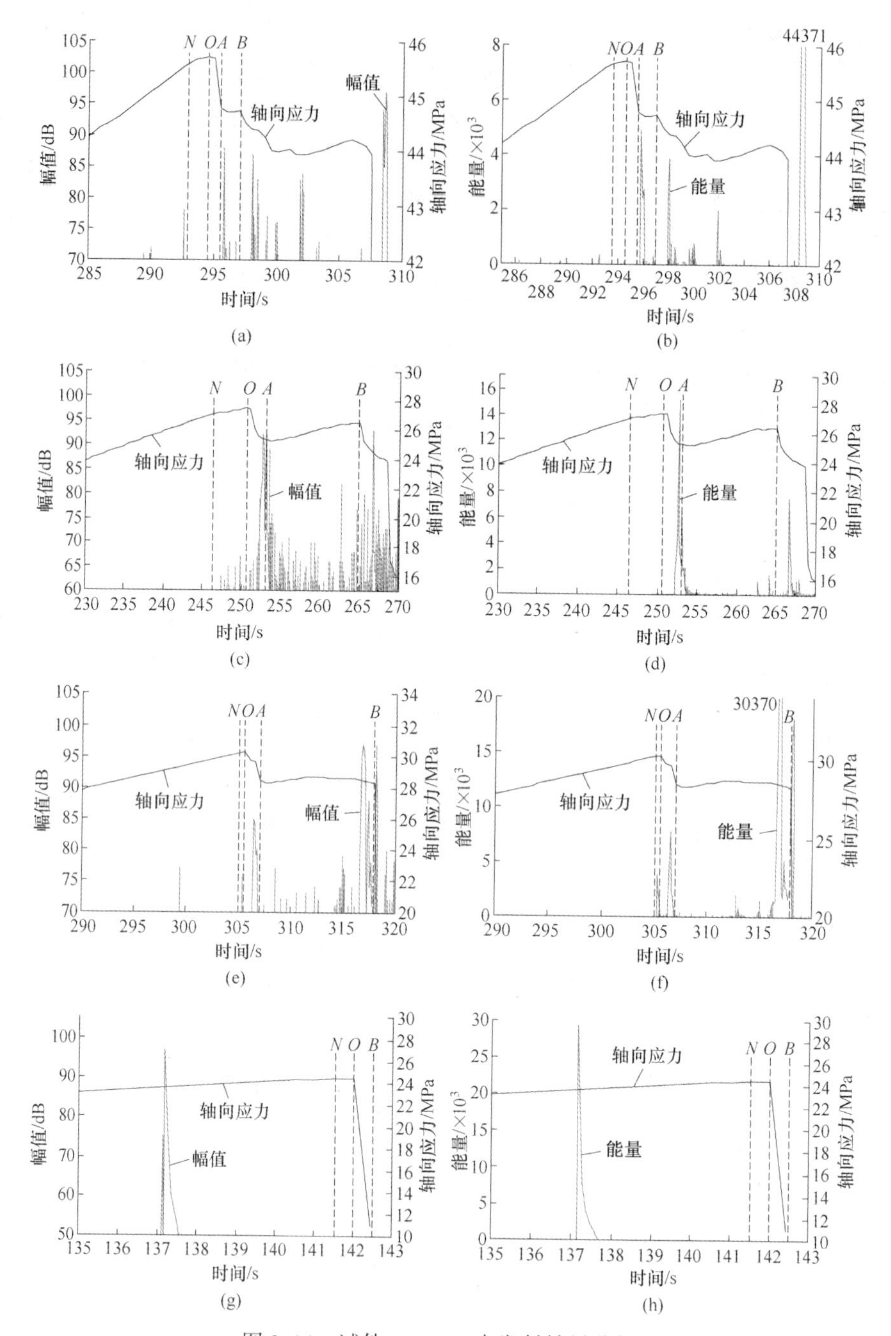


图 3.14　试件 No. 1~4 声发射结果分析

（a）No. 1 试件时间-幅值-应力；（b）No. 1 试件时间-能量-应力；（c）No. 2 试件时间-幅值-应力；（d）No. 2 试件时间-能量-应力；（e）No. 3 试件时间-幅值-应力；（f）No. 3 试件时间-能量-应力；（g）No. 4 试件时间-幅值-应力；（h）No. 4 试件时间-能量-应力

分别为 97dB 和 29000，由试验录像可以看出，在该时刻缺陷部分内部产生一条平行于缺陷倾向的剪切裂纹。

由图 3.14（a）~图 3.14（f）中可知，试件 No. 1、No. 2 和 No. 3 在强偏离线性阶段（*NO*）基本不产生明显的声发射信号；在强偏离线性阶段（*NO*）陆续产生较为明显的声发射事件，幅值在 85dB 左右，能量小于 5000；在静态亚失稳阶段（*OA*）连续产生剧烈的声发射信号，其中试件 No. 2 伴随声发射信号峰值，幅值达 97dB，能量高达 16000；在动态亚失稳阶段（*AB*），试件逐渐失稳并伴随裂纹的产生和扩展，连续产生较多的声发射信号。通过对缺陷岩体的声发射特征进行分析可知，进入强偏离现象阶段和亚失稳阶段，缺陷岩体连续产生声发射信号，相比加载过程中幅值和能量首先产生峰值，该连续声发射信号的产生预示着缺陷岩体即将发生破坏，因此可以说明缺陷岩体进入亚失稳阶段是协同破坏开始的标志。

## 3.3 组合体强弱部分加速协同破坏特征分析

3.2 节介绍了对含有宏观缺陷及完整部分的红砂岩进行了试验研究。为了详细了解岩体内部强弱段两者之间的相互作用，仍需要展开强弱段相互作用方面的研究[192]。因此，本节将水平组合的强弱单元体放置同一垂直应力环境进行加载，探究在破坏过程中强弱段水平方向的相互作用程度。采用水平方向的组合体进行垂直单轴加载的方法，不仅减弱了垂直加载应力对实验结果的影响，而且可以着重研究水平方向岩体内协同作用。

### 3.3.1 缺陷组合体试件制作及试验方案设计

#### 3.3.1.1 组合体材料选择

组合体材料采用模型石膏进行制作，石膏单元试样的长×宽×高为 70mm×70mm×70mm。组合体中强段部分（H）的石膏与水的质量比为 5∶2，缺陷部分（L）的质量比 2∶1[204]，两种样本的平均力学参数见表 3.2。结合第 2 章对试件应力-时间关键点的定义，将对应力时间曲线中偏离线性阶段、亚失稳阶段和失稳阶段等关键时段的划分应用于本节试验。为探究石膏单元体的力学性质，将试样在压机上进行轴向加载实验，位移加载速率为 0.002mm/s，试样的轴向应力-时间曲线及关键时间段划分如图 3.15 所示。图 3.15 中使用 3.2 节介绍的关键阶段判决方法用字母标出了应力时间曲线中关键的关键点，其中 LM 为线性变形阶段，*MO* 为偏离线性阶段，*OB* 为亚失稳阶段，*B* 点以后为失稳阶段。其中 *O* 为峰值强度，*NO* 为强偏离线性阶段，*OA* 为静态亚失稳阶段，*AB* 为动态亚失稳阶段[204]。

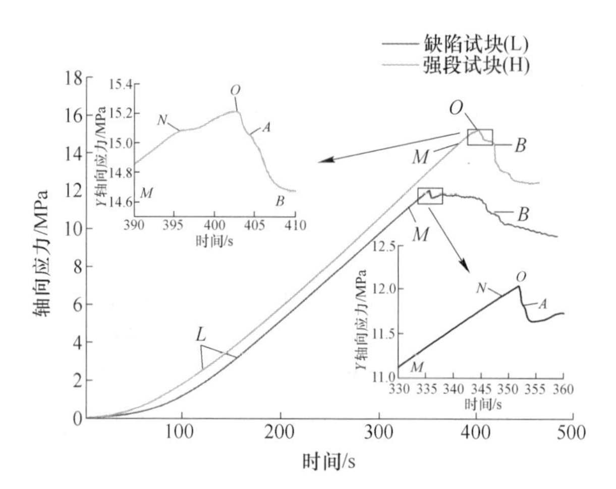


图 3.15　应力时间过程与失稳破坏阶段的放大图

**表 3.2　样本基本力学参数**

| 样　本 | 石膏：水 | 质量/g | 高度/mm | 密度 /g·cm$^{-3}$ | 抗压强度 /MPa | 弹性模量 /GPa |
|---|---|---|---|---|---|---|
| 强段部分（H） | 5：2 | 498.0 | 70 | 1.45 | 15.10 | 1.80 |
| 缺陷部分（L） | 2：1 | 437.4 | 70 | 1.27 | 11.76 | 1.73 |

### 3.3.1.2　组合岩体制作、传感器测点布置

本实验设计 3 组组合岩体长×宽×高为 140mm×70mm×70mm，编号 1 组合体由两块强段单元试块粘接而成，编号 2 组合体由强段和弱段单元试块各一块组成，编号 3 组合体由两块弱段单元试块构成，如图 3.16（a）所示。利用缺陷岩体中不同单元试块的弹性模量、强度等参数的差异性进行相互对比试验，探讨不同组合岩体破坏失稳前组合体由独立活动向整体协同作用转化的过程。

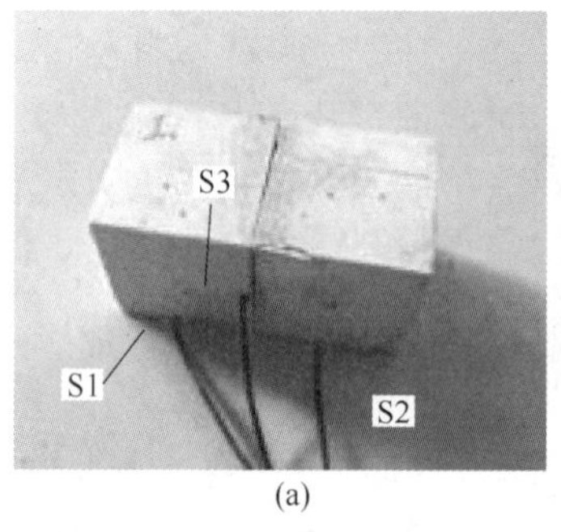


(a)

(b)

图 3.16　组合岩体制作及传感器布置方式
（a）组合岩体；（b）固定传感器位置

利用钻机在强弱单元试块端面钻取安置传感器的凹槽，安置应力传感器后采用同一配比的石膏材料进行封堵（见图3.16（b）），封堵完成后粘接量单元试块成组合岩体。组合岩体内共布置3个压力传感器，S1、S2位于单元试块下端面的中心处（见图3.16（b）），S3布置在两单元试块接触面的中心位置，用以监测两个单元试块之间的相互作用程度。组合岩体外侧面中心安置6个位移传感器，对于强弱组合体D1~D3监测L试块端面位移，D4~D6监测H试块端面位移（见图3.17（a）），用以记录组合体失稳过程中垂直试块端面方向的应变随时间的变化规律。

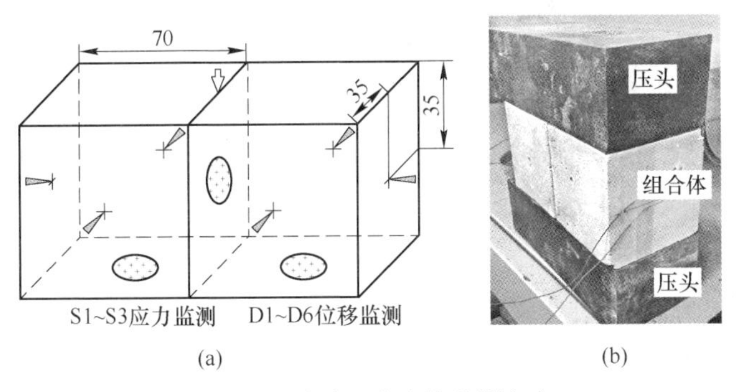


图3.17 试验组合岩体监测方案
（a）试验组合岩体监测方案（mm）；（b）加载方案

应力传感器型号选用丹东市电子仪器厂生产的BX-1型土压力传感器，精度为0.01MPa；位移传感器选用江苏省溧阳市仪器厂生产的YHD-20位移计，最大量程为10mm，灵敏度为400με/mm。位移计压缩（挤压应变）为正，伸长（拉张应变）为负。采用东华DH-3816N型静态应变测试仪器（见图3.5（a））进行实验过程中的应变数据采集，采样间隔为60点/分钟，应变灵敏度系数为1.0~3.0[204]。

#### 3.3.1.3 加载方式选择

利用应力、位移可控的AG-X250伺服压机对组合岩体进行轴向加载试验，试验机上下压头选用长×宽×高为140mm×70mm×50mm的长方体铸铁，组合岩体加载围压为0，轴向方向采用位移加载，加载速率保持在0.003mm/s，组合岩体加载方式如图3.17（b）所示。

### 3.3.2 缺陷组合体破坏形式分析

单轴压缩试验后，组合岩体1号、2号和3号单轴压缩后破坏形式如图3.18所示。1号组合岩体由两个强段单元体组成，两个单元体的破坏形式基本相似

(见图 3.18 (a)), 两个单元体的破坏程度基本相同。左部单元体试样表面出现一个斜向剪切面, 成为组合岩体破坏的主要原因, 右侧试样末端出现了多个拉伸破坏面。与 1 号组合岩体破坏形式相近, 3 号组合岩体试样两个单元体破坏程度基本相同, 主要以拉伸破裂为主。由于 3 号组合岩体由两个缺陷单元体由缺陷试件胶结而成, 试件自身胶结程度较强段试件低, 组合岩体整体承载能力较低, 进而造成组合岩体试样的破碎程度高于 1 号岩体。

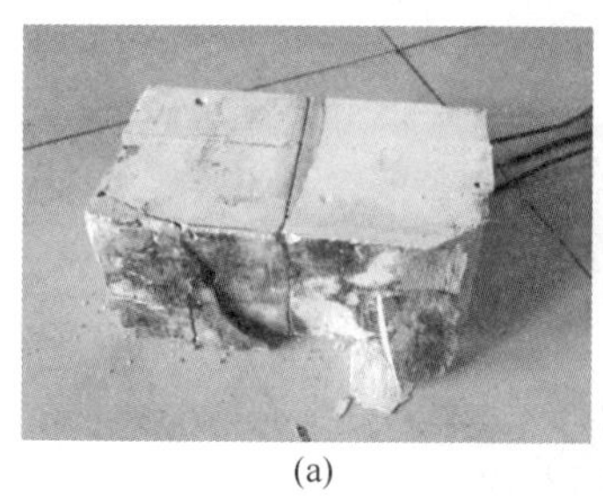

(a)

(b)

(c)

图 3.18 组合岩体破坏形式

(a) 1 号组合体 (H 和 H); (b) 2 号组合体 (H 和 L); (c) 3 号组合体 (L 和 L)

2 号组合岩体由强段试件和缺陷试件组合成为典型的缺陷组合岩体, 其破坏形式与 1 号、3 号存在较大的差异 (见图 3.18 (b) 和图 3.18 (c))。具体表现在强段单元体未产生明显的破裂, 而缺陷单元体发生较大程度的破坏。缺陷单元体出现明显的拉伸破坏, 伴生多个贯穿型劈裂面, 加载过程中出现片状或块体的崩裂。

由此可以看出, 缺陷岩体是一种复杂的岩体, 其内部存在明显的强段和弱段, 尽管这两部分均遵循一般的岩体力学规律, 但是两者在外部环境作用下又存在着明显的力学行为差别。在外部载荷的作用下, 强弱组合岩体中强段部分成为组合体早期的承载主体, 同时弱段部分成为应变释放的部位; 受强弱段之间协同作用的影响, 强段积聚较大的应变能, 当岩体失稳后强段急剧的应变能快速释放, 造成缺陷岩体整体失稳破坏。

### 3.3.3 失稳过程中单元体间应力作用特征

从试验机的压应力曲线看, 组合岩体的应力曲线有 $N$、$O$、$A$、$B$ 几个关键的时刻。采用对比分的方法实现对在不同加载时刻组合岩体内部不同区域测点内的 S1、S2 和 S3 的应力监测结果进行分析, 并着重分析 H、L 岩体相互作用下 S3 测点的变化特征。图 3.18~图 3.20 中的 (a) 图为试验机检测的总体应力随时间的监测结果, 其中左上插图为失稳前后关键点位置放大图; (b) 图为点 S1、S2 和 S3 位置应力随时间变化的监测结果, 其中左上插图为对应关键点位置的放大图[204]。

#### 3.3.3.1 强-强组合岩体应力变化特征

1号组合岩体大约在790s之后，试验机应力-时间曲线接近强偏离线性阶段（见图3.19（a），*OA*段），大约809s达到峰值强度15.1MPa（*O*点），811s后进入动态亚失稳阶段（*A*点），814s后进入失稳阶段（*B*点）。

S1与S2位于H、L岩体的正下方，应力随时间变化趋势基本一致，表现为线弹性段缓升-亚失稳阶段突升-失稳阶段缓降的过程（图3.19（b））。在N时刻至O时刻之间，S1、S2应力监测值基本稳定，波动幅度不大；进入*OA*段时S1应力平稳1s后增加；进入*AB*段后，S1应力急剧上升，直至达到*B*点后均匀下降，S2应力在*A*点以后保持稳定直到*B*点后缓降。S3位于H、L两岩块之间，表现为偏线性段突增-亚失稳阶段突降-失稳阶段持续上升的过程（见图3.19（b））。

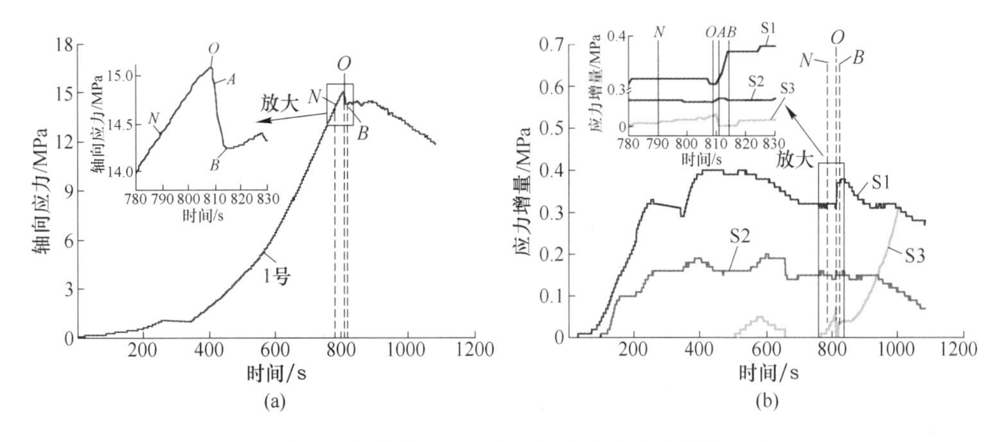


图3.19 1号组合岩体试验机应力曲线和岩体内应力随时间的变化
（a）轴向应力变化曲线；（b）监测点应力变化曲线

相同岩性组成的组合岩体S1与S2测点监测应力并不相同进入*NO*段试样正下方S1和S2并没有产生较大变化，但是*A*、*B*试样之间测点S3应力逐渐增加，说明试样区域出现某些独立的应变积累和释放，与周围发生相互作用；*OA*阶段S3测点骤降，表明独立应变积累区域发生扩展或者迁移，影响到试样垂直方向；*AB*阶段后，S3测点应力逐渐增加，表明*A*、*B*岩体彼此相互作用程度逐渐加强，试样发生整体失稳。

#### 3.3.3.2 强-弱组合岩体应力变化特征

2号组合岩体约在735s之后进入*NO*段（见图3.20（a）），810~820s后进入*OA*段，峰值强度为12.3MPa，820~832s后进入*AB*段。试样加载早期，含有试样的承载主体为H岩体；进入*OB*阶段，S2首先出现应力波动，表明在应力作用下 L 岩体首先成为应变释放部位；进入 *OB* 段以后，S2 测点应力维持恒定，S1 测点持续增加（见图 3.20（b）)，表明此阶段 L 岩体进行持续的应变释放，而强段成为主要的应变积累部位。

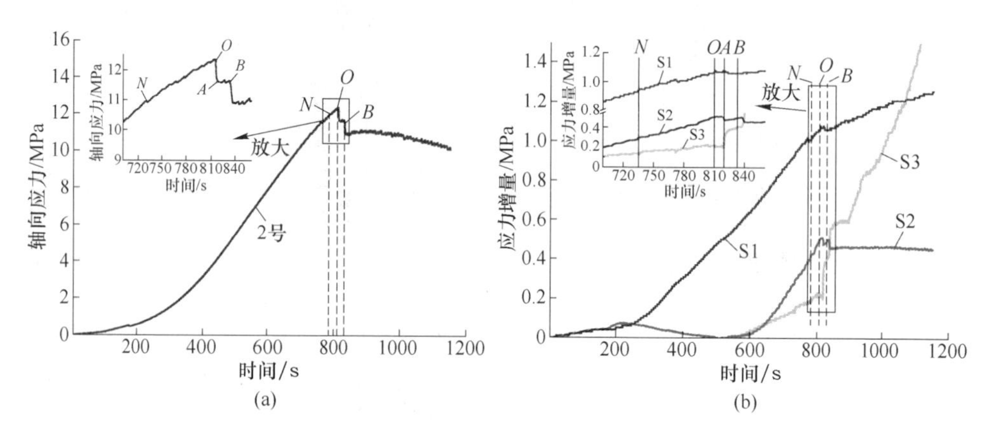


图 3.20　2 号组合岩体试验机应力曲线和岩体内三个应力随时间的变化
（a）轴向应力变化曲线；（b）监测点应力变化曲线

S3 曲线变化与 1 号组合岩体基本相似，表现为偏离线性阶段缓增-亚失稳阶段激增-失稳阶段平稳后缓升的过程。具体表现为 600s 后应力曲线缓增至 0.18MPa，*NO* 段出现波动上升至 0.2MPa，*OA* 段突升至 0.35MPa；刚进入 *AB* 段时曲线平稳波动，后期突增至 0.6MPa；进入失稳阶段后曲线维持 80s 后缓慢增加。含有缺陷的 2 号岩体在应力作用下 L 对 H 的协同作用相比匀质岩体更为明显。进入 *NO* 阶段，L 岩体出现独立的应变释放点，作用于 H、L 岩体的交界面，造成监测应力的缓慢增加；*OA* 阶段，应变积累区增多造成 S3 测点应力稳定；动态亚失稳阶段，S3 测点接近垂直上升，表明该阶段 L 对 H 的影响达到最大值，交界面处应变释放区加速扩展，相互连接，贯通交界面。

#### 3.3.3.3　弱-弱组合岩体应力变化特征

3 号组合岩体大约在 742s 之后进入 *NO* 段（见图 3.21（a）)，986~1067s 后进入 *OA* 段，峰值强度为 7.7MPa，1067~1126s 后进入 *AB* 段。

S1 表现为线性阶段先缓升后平稳-亚失稳阶段缓降后期平稳（见图 3.21（b）)。进入 *NO* 段应力增加至 0.49MPa，直至 *O* 点维持稳定，进入 *AB* 段略有减少。S2 应力随时间的变化呈现偏离线性阶段突增-亚失稳阶段以后缓增。表现为进入 N 点应力增量由 0 增加至 0.62MPa，增加速率较大，*OA* 阶段缓增，*B* 点后基本维持稳定。S3 与 1 号、2 号有着不同的变化趋势。整体表现为偏离线性阶段至亚失稳阶段持续降低，最终降低为 0。600s 前应力曲线缓慢增加至 0.4MPa，之后持续降低，亚失稳阶段1100s降低为0。S3测点应力提前S1、S2测点200s，表明3号匀质岩体整体承载能力较差，试验机压头由上向下加载，造成试样应变释放区产生垂直加载应力水平层状向下传递的现象。

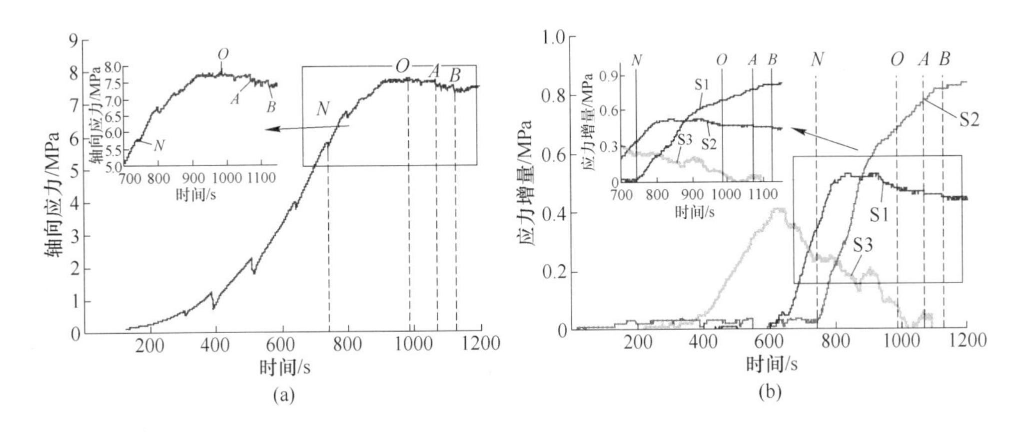


图3.21 3号组合岩体试验机应力曲线和岩体内三个应力随时间的变化

(a) 轴向应力变化曲线；(b) 监测点应力变化曲线

## 3.3.4 失稳过程中单元体应变释放特征

由图3.21实验结果可以清晰看到，组合岩体在*N*、*O*、*A*、*B*几个关键的时刻处，其应力的变化状态十分明显，将1号、2号和3号三组试样在*N*、*O*、*A*、*B*几个关键的时刻，标记在试样6个（*D*1～*D*6）侧面应变-时间曲线上，研究600s后缺陷岩体的应变变化特征[204]。

### 3.3.4.1 强强组合岩体侧面应变变化特征

1号组合岩体侧面应变在偏离线性阶段和亚失稳阶段（790～814s）不同部位应变的过程可以分为两类，测点*D*1、*D*2和*D*6类似，测点*D*3、*D*4和*D*5类似，如图3.22所示。

测点*D*1、*D*2和*D*6表现为应变平稳-强偏离线性阶段后期波动-加速以及临近峰值的突升-亚失稳阶段平稳-失稳过程后期缓升。*D*1、*D*2测点应变与时间的变化基本一致，两者交互上升。测点*D*6滞后于*D*1、*D*2测点5s左右，应变值较小，*B*点后增速较大。由此可见，测点间的应变的传递具有单元化和区域性的特征，即*D*1与*D*2侧面相邻（H岩体），应变趋势一致，进入亚失稳阶段后应变扩展影响至*D*6（L岩体）测点，传递速度在应力峰值后加速，失稳后*D*6应变加速至与同一平面的*D*1相同变化趋势，产生协同变化。

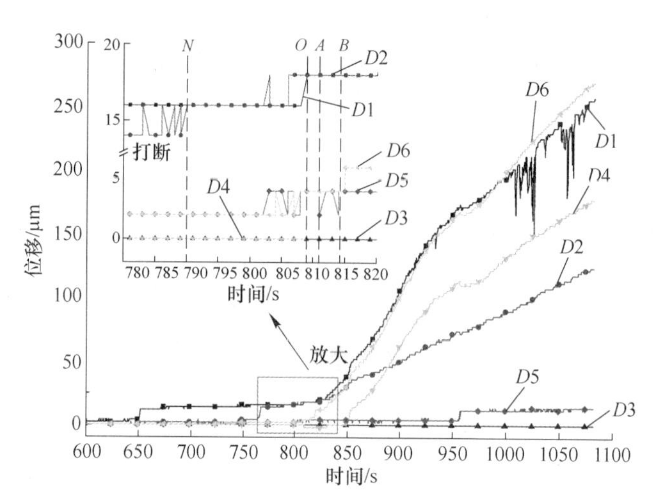


图 3.22　1号组合岩体侧面应变随时间的变化

测点 *D*3、*D*4 和 *D*5 表现为应变平稳-临近峰值的突升-亚失稳阶段后波动。*NO* 阶段和 *OB* 阶段三者变化相对平稳，基本维持在某个恒定的值并产生波动，这是由于三者处在同一应变稳定区域，试样较多的应变产生在其他区域，造成该区域相互影响甚微，完全破坏后期，测点 *D*4 出现协同破坏。

#### 3.3.4.2　强弱组合岩体侧面应变变化特征

2号组合岩体侧面应变在 *NO* 段和 *OB* 段（735～832s）不同部位应变过程可以分为两类，测点 *D*1、*D*2 和 *D*6 类似，测点 *D*3、*D*4 和 *D*5 类似，如图 3.23 所示。

测点 *D*1、*D*2 和 *D*6 表现为强偏离线性阶段平稳波动-加速以及临近峰值的突升-亚失稳阶段激增-失稳过程缓升。可以清晰地看出，在 *ON* 阶段前含有缺陷的岩体，起到主要的支撑作用的是强度较高的岩体（H 岩体），试样整体达到应力峰值后，含缺陷的岩体首先发生破坏，即 B 岩体的 *D*1、*D*2 测点；亚失稳阶段缺陷岩体（L 岩体）应变释放区域逐渐增多，成为整体试样的主要的应变释放区；进入失稳阶段，A 岩体 *D*6 测点随即发生应变释放，协同破坏。测点 *D*3、*D*4 和 *D*5 表现为强偏离线性阶段前期平稳波动后期维持稳定-亚失稳阶段基本稳定。其中 *O* 时刻，随着测点 *D*6 前期的突增，*D*4 测点应变逐渐降低为 0。

#### 3.3.4.3　弱弱组合岩体侧面应变变化特征

3号组合岩体侧面应在 *NO* 段和 *OB* 段（742～1126s）不同部位应变过程可以分为三类，测点 *D*1、*D*3 和 *D*4 类似，测点 *D*5 和 *D*6 类似，如图 3.24 所示。

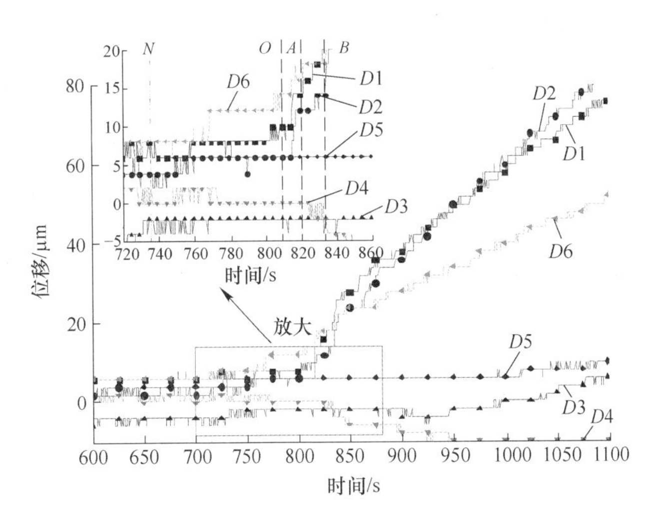


图 3.23 2 号组合岩体侧面应变随时间的变化

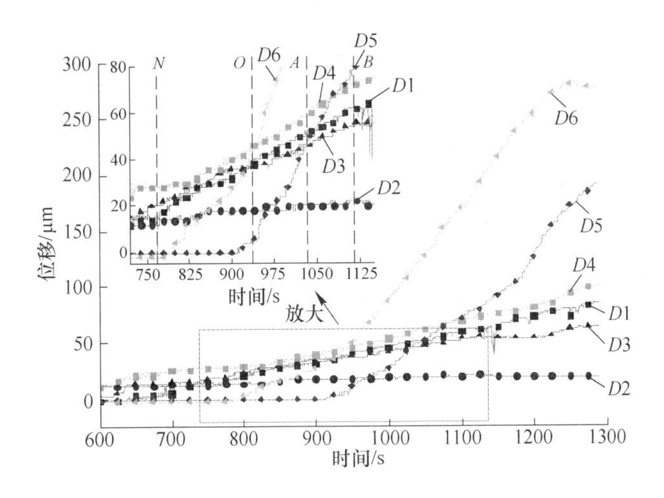


图 3.24 3 号组合岩体侧面应变随时间的变化

测点 *D*1、*D*2 和 *D*6 表现为强偏离线性阶段波动突升-失稳过程缓升。临近 N 时刻应变增速增大，*OA* 阶段平稳上升。三者应变变化随时间的变化基本一致，协同作用程度较高。测点 *D*5 和 *D*6 表现为强偏离线性阶段前期稳后突升并维持至试样失稳破坏。*D*5 测点滞后 *D*6 测点 100s 左右，进入 *OB* 段两者应变增速相同。*D*2 测点全过程中基本稳定。由此可见，在 3 号组合的岩体失稳过程中，试样的应变释放区区域化非常明显，同时试样失稳经历了应变释放区的产生、扩展、增加和相互贯通的过程。

### 3.3.5　不同组合岩体亚失稳阶段分区特性

根据实验结果可知，在亚失稳阶段（*OB*）中，1 号组合岩体静态亚失稳阶段（*OA*）占 40%，动态亚失稳阶段（*AB*）占 60%，2 号 *OA* 段占 45.5%，*AB* 段占 54.5%，3 号 *OA* 段占 57.9%，*AB* 段占 42.1%，如图 3.25 所示。由此可见，承载能力较强的岩体在亚失稳阶段中静态失稳阶段占较少的部分，而动态失稳阶段占有较大的比例。胶结性较好试样在亚失稳阶段，应变积累区的扩展和增加时间较短，应变积累区的释放和相关连接占用时间较长，这是岩体颗粒间的连接程度较强不容易发生破坏导致的[204]。

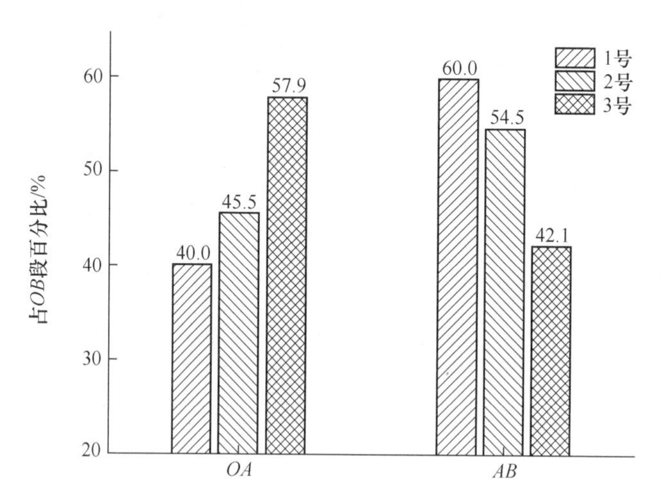


图 3.25　3 组组合岩体 *OA* 段和 *AB* 段占亚失稳阶段百分比

## 3.4　构造失稳致突过程简析

### 3.4.1　失稳阶段加速协同过程物理场信息分析

宏观缺陷尺寸岩体协同破坏特征及强弱单元加速协同位移、应力特征分析清晰地展示了缺陷岩体在亚失稳阶段释放的多组物理场信息存在一定的规律，这些规律为探寻地质环境中缺陷地质体失稳机制提供有利的手段。在煤矿开采中，底板往往存在大量的地质缺陷，受开挖扰动的影响，地质缺陷因外部环境的改变造成失稳，进而引发通水通道的形成。因此，借助室内试验研究缺陷岩体失稳过程中释放的物理场变化信息，为研究煤矿底板构造突水机制提供一种手段和方法。针对本章所进行的试验，可将各种物理场信息的变化归结为如下的规律：

（1）在应力作用下，缺陷岩体承载主体为相对强段，弱段首先成为应变释放部位，受弱段协同作用影响，强段应变积累程度增加，最终在失稳后加速破坏。

（2）在固定尺寸的岩体中，随着缺陷部分所占比例的增大，缺陷部分对完整岩体部分造成的影响越大；在相同的外部环境下，当缺陷部分比例较小时，缺陷部分发生破坏释放的应变能较低，进而完整部分红砂岩积累的应变能相对较多，因此在失稳过程中，缺陷部分应力集中程度较大造成释放的应变能较多，进而完整部分失稳过程中释放的物理信号较为不明显。

（3）在强偏离线性阶段缺陷岩体首先发射出失稳信号，如应变的突然增加或降低（或连续产生声发射信号），但是该阶段释放的信号程度较低；在亚失稳阶段陷岩体释放剧烈的失稳信号，如应变改变量高达50%（幅值和能量首先产生峰值），该连续物理信号的产生预示着缺陷岩体即将发生破坏，因此可以说明缺陷岩体进入亚失稳阶段是协同化破坏开始的标志。

（4）试样失稳过程可以分为强偏离线性阶段、静态亚失稳阶段和动态亚失稳阶段3个关键阶段。在应力作用下，试样在强偏离线性阶段会出现孤立的应变积累区和应变释放点，区域小，数量多；达到峰值强度进入静态亚失稳阶段，应变积累区迅速增多并发生扩展和迁移，区域增大，数量增多；动态亚失稳阶段，应变释放点加速扩展相互连接，出现大面积的应变释放区，试样进入全面失稳，如图3.26所示。

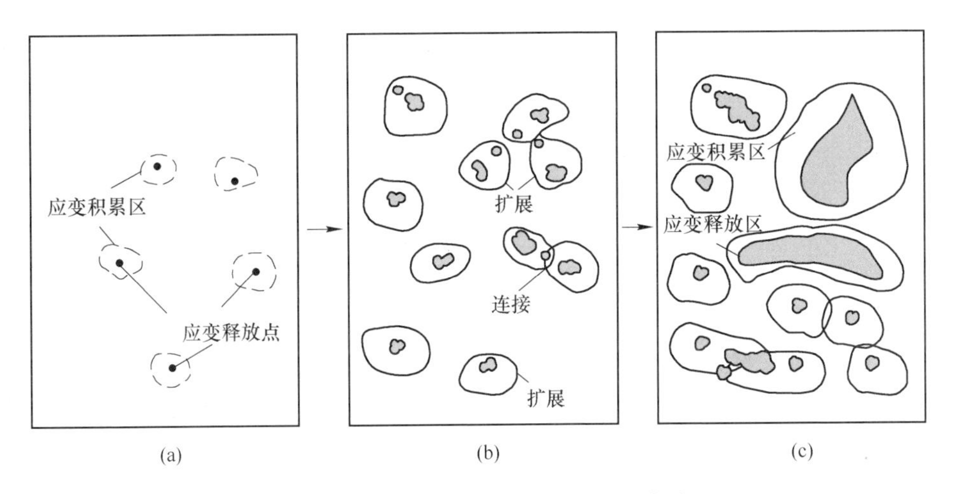


图3.26　不同阶段试样内部破坏过程[204]
（a）强偏离线阶段；（b）静态亚失稳阶段；（c）动态亚失稳阶段

（5）试样进入亚失稳阶段是协同化破坏开始的标志。含有缺陷的岩体在应力作用下，相对弱段对强段的协同化作用程度相比匀质岩体更为明显。在强偏离线性阶段弱段岩体首先出现应变释放点并开始作用于强段和弱段的交界面处；进入亚失稳阶段，弱段应变释放点迅速增多并连接，造成强段形成大范围的应变积累区，两者协同化程度达到最大值；进入失稳阶段，缺陷岩体表现为协同化破坏。应变释放区的平稳扩展和增加与静态亚失稳阶段有关，当释放区足够多，已有释放区扩展到足够大后，释放区间的相互作用增强了，造成协同化的产生，随即进入动态亚失稳阶段。

（6）与普通岩石相比，岩石中部分单元力学性质发生变化，表现为不同单元弹性模量、泊松比、强度等参数的差异性，正是这种局部的差异性改变了区域岩体的匀质度，使得该区域结构力学性质发生变化。缺陷岩石在应力作用下产生的应变协同化传递具有单元化和区域性特征，达到峰值强度前，应变在相同岩性区域或单元之间传递；进入亚失稳阶段，这种变化影响到相邻非同一介质区域，造成相邻介质加速变化，最终各区域保持一致变化。

（7）匀质弱段岩体颗粒间连接程度较低使得整体的承载能力较差，应变积累释放孤点数量较多且分布广泛，导致静态亚失稳阶段占用较多时间，相比之下应变积累区相互连接占用时间较少，造成试样应变释放区沿垂直加载应力方向水平层状向下传递，试样表现出由上至下应变持续释放的现象。然而，加载状态下岩体出现上述现象其强度需要低于某一临界值，高于该临界值岩体表现出高承载能力，受弱段影响发生失稳破坏；低于该临界值表现出低承载能力，应变释放发生规律性传递。

### 3.4.2　开采构造失稳致突水过程初步探讨

煤矿开采过程中，底板岩层原始地质环境受到破坏，尤其是深部开采，受高地应力、高水压和强开采扰动的影响，采场底板原有裂隙和结构面的扩展、错动及贯通剧烈程度加大，新生裂隙产生的数量和范围较浅部开采有明显增加，这使得深部开采底板突水具有瞬时性、突发性和滞后性的复杂特征。因此，研究含构造煤层开采突水通道成因、演化规律及致灾机制，成为解决开采底板突水灾害的关键[190]。构造带内岩体的强度比正常的低，因此，构造突水发生在构造带与完整岩层接触的局部区域。依据本章缺陷岩体失稳阶段加速阶段加速化协同破坏特征研究内容，对开采构造失稳致突水过程开展初步探讨。

图 3.27 为煤矿开采过程底板构造突水通道形成过程示意图。可采煤层下方存在隐伏构造（见图 3.27（a）），该构造存在部分破碎区域并与承压水含水层导通，导致高水压承压水导升至构造区域附近岩体内。随着矿井开采的进行，构造所处的原始应力环境发生改变，在构造活化影响下靠近采空区一侧缺陷影响区域增大，该阶段可以认为构造处于强偏离线性阶段前期，此时承压水导升范围基本不发生变化（见图 3.27（b））。随着开采的继续，构造上端部首先出现孤立的应变积累区和释放点，并开始作用于完整底板岩体；随着缺陷区应变积累区迅速增多并发生扩展和迁移，与完整岩体应变释放点之间相互连接贯通，应变释放区之间的相互作用加强，协同作用程度达到最大值，岩体随即进入全面失稳（见图

3.27（c））。缺陷岩体在全面失稳过程中，破坏的底板岩体与煤层开采底板破坏带沟通，导致承压水通过形成的导水通道涌入采空区，造成矿井突水事故的发生（见图3.27（d））。

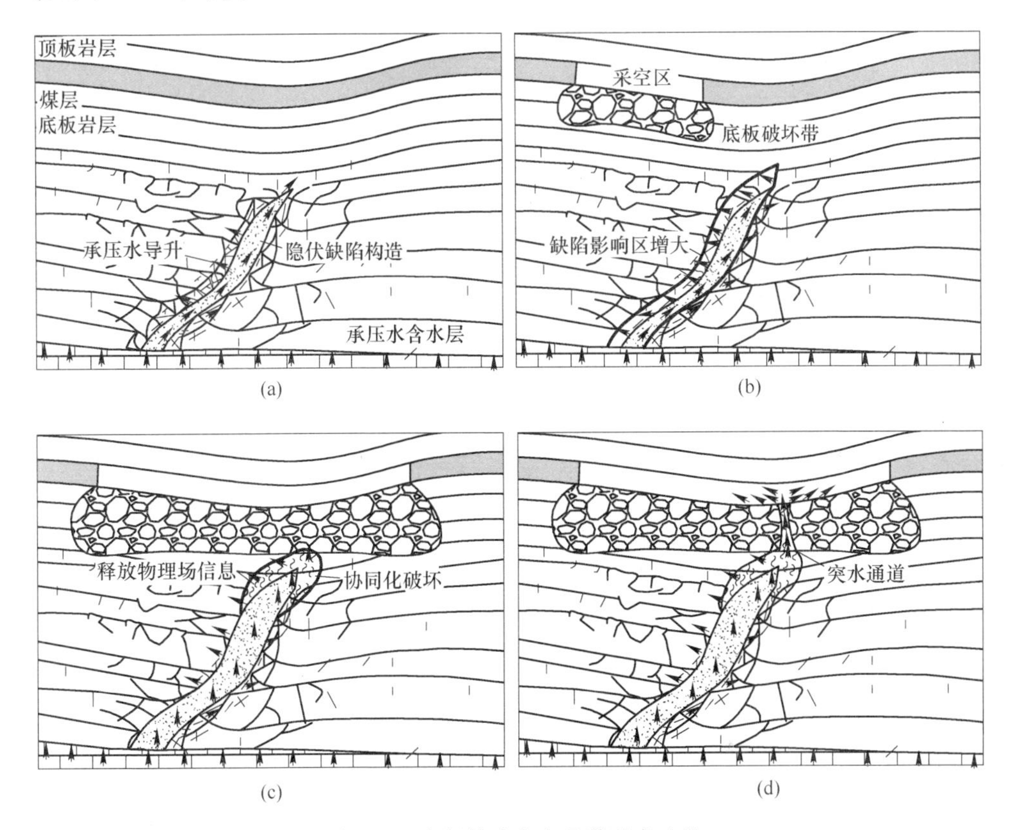


图3.27 底板构造突水通道形成过程

（a）构造原始地应力环境；（b）开采影响构造活化；（c）协同破坏过程；（d）突水通道形成

综上所述，根据缺陷岩体不同阶段应变、应力和声发射等物理信息释放特点，初步探讨了开采构造失稳致突水过程，认为构造失稳活化的过程，等同于室内实验缺陷岩体加载中的强偏离线性阶段和亚失稳阶段，因此可将该两个阶段释放的相关物理信息作为预测构造突水的有效辨识信息。

# 4　大尺寸缺陷类岩石双向加载裂纹扩展及失稳信息分析

结合第 2 章提出的煤矿底板缺陷裂隙扩展型、构造导通型和隐伏构造滑剪型 3 种类型的突水模式，研究 3 种突水模式中构造活化过程及其围岩的物理变化特征，需开展大尺寸含缺陷类岩石的双向加载试验，相对于常规尺寸的类岩石试样，本节选用长×宽×高为 150mm×150mm×300mm 的大尺寸类岩石试样，该大尺寸试样不仅可以减少尺寸效应，较好地还原含缺陷试样的力学特性，而且缺陷制作相对方便。通过对试验结果数据的分析，可以研究时间-应力、构造围岩应变-应力、声发射能量、幅值-时间的变化关系，以及导水裂隙扩展演化特征；探讨其破坏-失稳时空演化过程，捕捉和比较失稳前关键时刻对应物理场信息的变化差别，进而探究构造失稳破坏对围岩的影响作用，实现对缺陷岩体失稳过程异常物理场信息辨识，进一步分析突水机制。

## 4.1　类岩石材料制作及力学性能测试

模拟岩石试样的物理力学性质是研究构造活化的基础，为研究双向加载条件下含构造岩体物理场信息变化特征，需要对模拟材料进行一系列的力学试验以便获得模拟材料的基本力学特性。

### 4.1.1　类岩石试样材料选择及其相关性质

#### 4.1.1.1　类岩石试样材料选择

煤矿现场底板岩石试样虽然可以真实地还原岩石物理力学性质，但是仍存在一些不可忽视的缺点：首先，受裂隙、节理等影响，试样差异性造成试验结果离散性较大，可重复性较低；其次，在实验样品制作过程中容易产生损伤，造成二次破坏；同时，难以预制节理、构造，试样加工困难，尺寸精度较低。因此，众多学者[205~207]选用水泥砂浆、石膏及其他添加剂进行类岩石材料的制作，通过改变组分的质量比进而获得符合模拟条件的类岩石材料。

煤矿实际地质环境中，构造岩带内的岩体与完整岩体在力学性质方面有较大的差别，比如抗压强度较低、裂隙发育程度高和渗透系数较大。构造破碎带包括构造岩带和构造影响带两部分[95]。其中，构造岩带由黏土粒、砾岩、糜棱、压碎岩及压片岩等物质组成，构造影响带由大量的裂隙组成，如图 4.1 所示。根据一般性地质构造的特征，本节选用水泥黏土混合材料模拟构造。

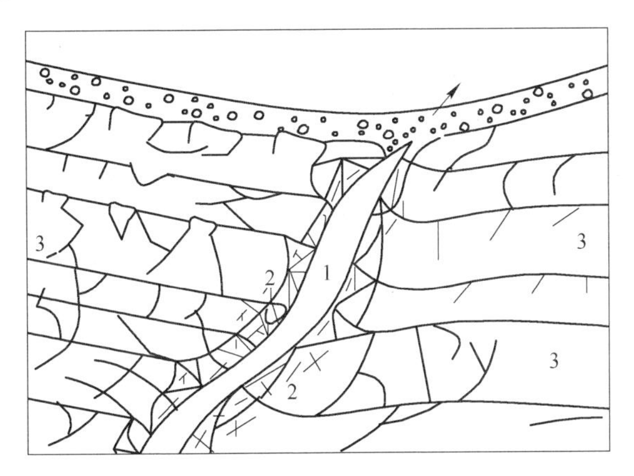


图 4.1 构造影响带剖面示意图

1—构造岩带；2—构造影响带；3—未受构造影响的岩石

因此，选用水泥、河砂、黏土和水制作构造模拟材料，其中水泥标号为425，河砂粒径为 0.2~0.3mm，黏土为天然黏土，取自山东省章丘市诺贝尔城西黏土矿。针对模拟煤矿底板类岩石材料，本节选用水泥、河砂、石膏和水进行制作，水泥标号为425，河砂粒径为 0.2~0.3mm，石膏为高强度模型石膏。

结合以往学者研究经验[208]，试验利用 0.2mm 和 0.3mm 的筛子完成对河砂和黏土的筛分工作。

#### 4.1.1.2 河砂及黏土相关性质分析

以往的研究往往忽略对材料属性的研究，造成试验结果离散性较大，难以进行重复性试验。因此，细化研究同批次试验材料的基本性质，不仅可以从材料本身特性解释实验现象和结果，而且也为后期试验提供定量化的标准，提高模拟试验的可重复性、科学性。通过试验方法测量 0.2~0.3mm 河砂的密度为 1.58g/cm$^3$，孔隙率为 39%，天然黏土密度为 1.25g/cm$^3$。

天然黏土是一种混合物，不同区域的黏土其组成有很大的差别。黏土的微观结构是在硅铝酸盐矿物风化堆积、成岩作用过程中形成的，其微观结构间接反映了黏土的形成环境和形成过程中的物理化学、生物化学作用。同时，黏土的微观结构又决定了其渗透性以及其他工程地质性质，比如黏土的隔水性。因此研究黏土的微观结构特征对了解其物理力学特征等有关的工程地质问题有重大作用。众多学者的研究表明[208,209]：在黏土微观结构特性相关的研究方面，主要的研究内容是将黏土微观结构与宏观特性两方面建立可定量表述的联系，进而利用该联系估算和预测某些性质的变化范围和变化趋势，同时黏性土微观结构是确定土体工程性质的一个十分重要因素。

为测量试验黏土的有效微观成分，对干燥的天然黏土试验样品不同点进行 Oxford 光谱分析仪分析，其结果如图 4.2 所示。图 4.2 中左侧灰色图片为 SEM 电

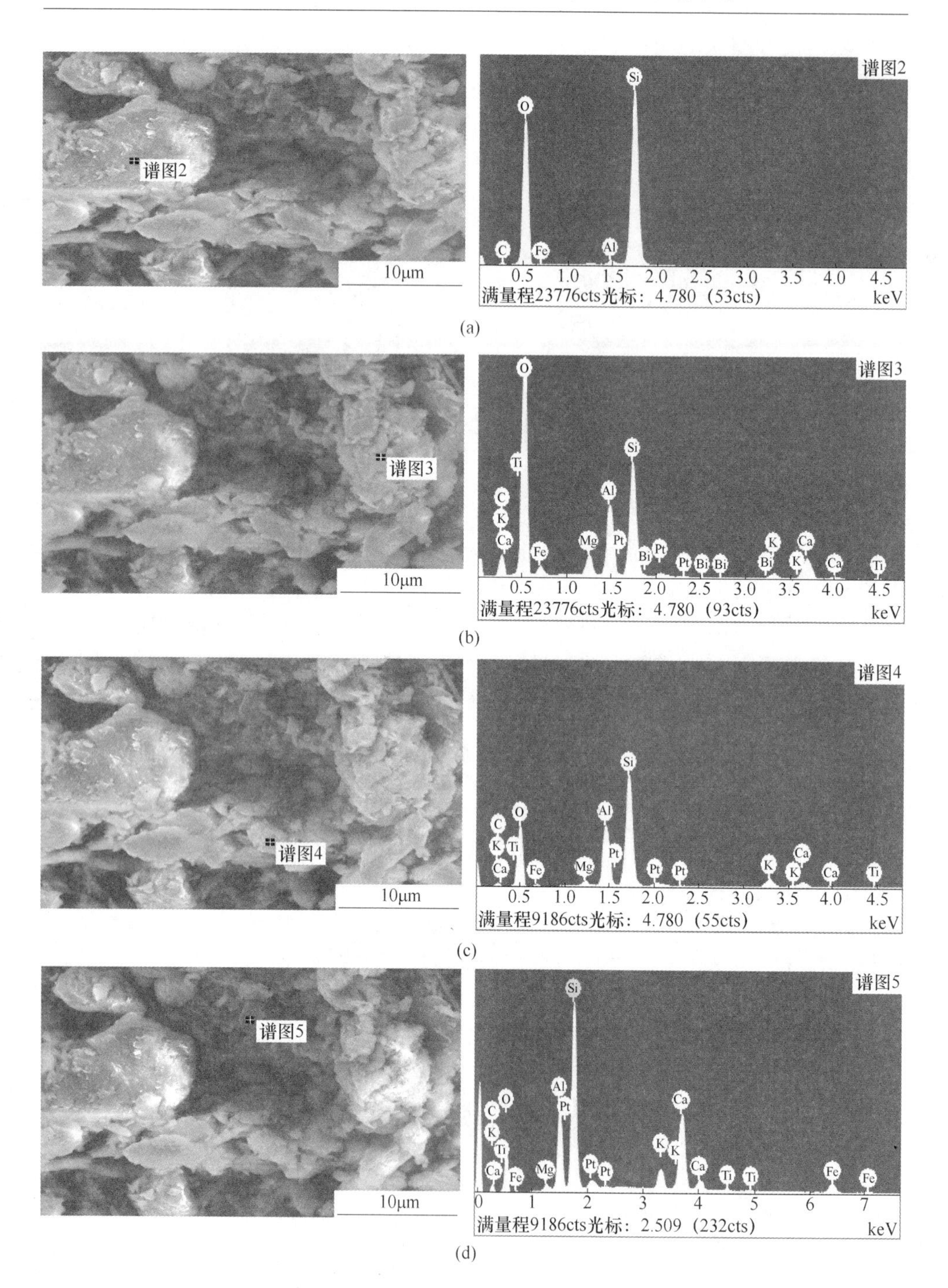


图 4.2　天然黏土试验样品光谱分析结果

（a）谱图 2；（b）谱图 3；（c）谱图 4；（d）谱图 5

镜扫描图像，右侧为对应 SEM 谱图位置处黏土各元素所占质量百分比。如图 4.2（a）谱图 2 为较大黏土颗粒，由 Oxford 光谱分析可知，该颗粒主要的元素依次为氧（O）、硅（Si）、碳（C）、铁（Fe）和铝（Al）。

试验结果表明该天然黏土主要由一定量的铝、铁金属氧化物和硅酸盐组成。黏土中质量分数最高的无机非金属元素分别是 O 元素和 Si 元素，其质量分数分别达到 43.69% 和 23.31%，说明该黏土样品中非金属化合物 $SiO_2$ 的含量最高；金属元素中，Al 元素和 Fe 元素质量分数最高，分别是 6.69% 和 6.40%，说明该黏土中具有隔水能力的有效成分主要是铁和铝的化合物。

### 4.1.2　类岩石试样基本力学性能测试

#### 4.1.2.1　标准类岩石试样制作

按照国际岩石力学试验规程的要求，制作 $\phi$50mm×100mm 的试件用于单轴压缩试验，制作 $\phi$50mm×20mm 的试件用于抗拉试验，其断面平行度控制在 ±0.02mm 以内。围岩类岩石试件选用水泥、河砂、石膏和水进行制作，构造模拟试件选用水泥、河砂、黏土和水进行制作，制作完成的试件如图 4.3 所示。对制作完成的材料进行尺寸和质量的测量，每个重要的参数测量 3 次，并选取多次测量的平均值作为测试结果。类岩石试件组分质量比及相关物理参数见表 4.1，底板围岩相似材料密度平均为 2.042g/cm$^3$，构造模拟材料密度平均为 1.780g/cm$^3$。

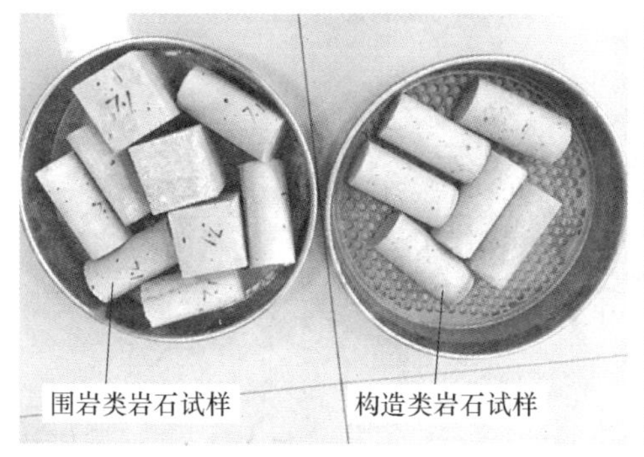


(a)

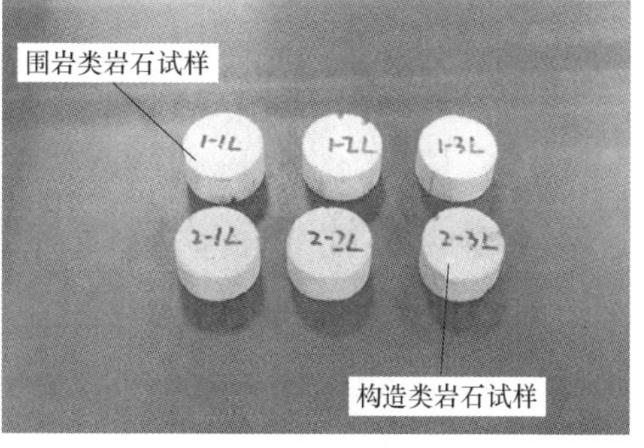


(b)

图 4.3　制作完成的试样

（a）抗压强度测试试样；（b）抗拉强度测试试样

**表 4.1　类岩石试件组分质量比及相关物理参数**

| 类型 | 质量比 | 试样编号 | 质量/g | 长度/mm | 直径/mm | 密度/g · cm$^{-3}$ |
|---|---|---|---|---|---|---|
| 围岩 | Ce : S : P : W<br>31 : 53 : 2 : 14 | 1-1Y | 388.57 | 97.88 | 50 | 2.022 |
| | | 1-2Y | 370.07 | 91.30 | 50 | 2.064 |
| | | 1-3Y | 397.71 | 98.30 | 50 | 2.061 |
| | | 1-1L | 82.92 | 20.56 | 50 | 2.055 |
| | | 1-2L | 83.04 | 21.01 | 50 | 2.014 |
| | | 1-2L | 77.20 | 19.32 | 50 | 2.036 |
| 构造 | Ce : S : Cl : W<br>15 : 45 : 20 : 14 | 2-1Y | 320.68 | 90.72 | 50 | 1.800 |
| | | 2-2Y | 337.27 | 96.80 | 50 | 1.774 |
| | | 2-3Y | 355.23 | 100.28 | 50 | 1.804 |
| | | 2-1L | 70.02 | 19.56 | 50 | 1.824 |
| | | 2-2L | 71.88 | 20.33 | 50 | 1.799 |
| | | 2-3L | 69.25 | 21.03 | 50 | 1.678 |

注：Ce 为水泥，S 为砂子，P 为石膏，Cl 为黏土，W 为水。

#### 4.1.2.2　岩石试样力学性能测试

为获得相似材料的泊松比、弹性模量和抗压、抗拉强度等力学参数，选用岛津 AG-X250 万能加载试验设备对制作完成的标准试件展开抗拉强度试验和单轴压缩试验，加载速率为 0.05mm/s，试验过程如图 4.4 所示。经过对试验数据的整理，类岩石试件试验结果见表 4.2。

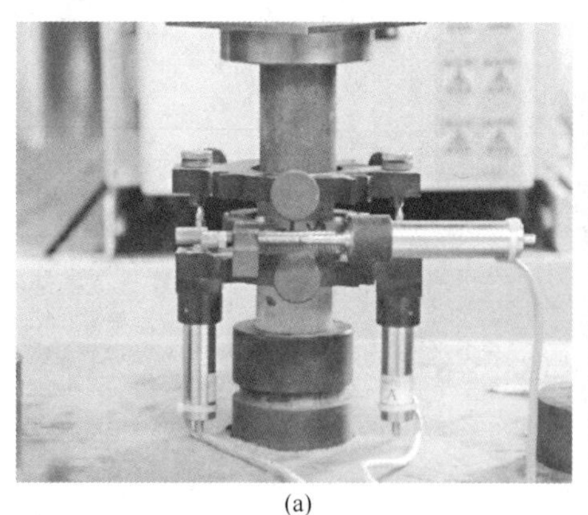

(a)

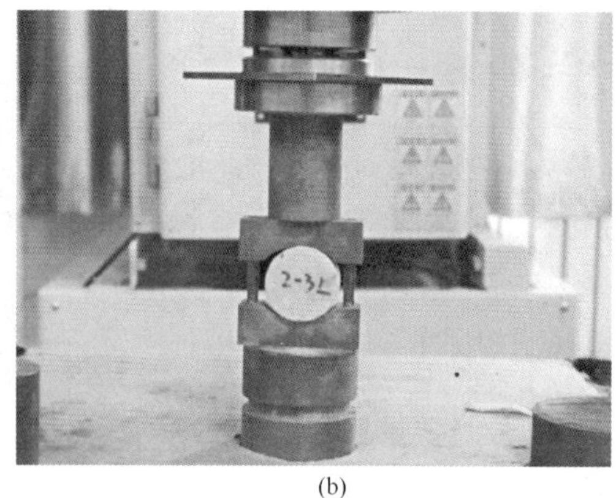


(b)

图 4.4　AG-X250 试验机测试过程

(a) 抗压强度及泊松比测试；(b) 抗拉强度测试

表 4.2 类岩石基本物理力学参数

| 类型 | 抗压试件 | 峰值强度/MPa | 弹性模量/MPa | 峰值应变/$10^{-2}$ | 泊松比 | 抗拉试件 | 抗拉强度/MPa |
|---|---|---|---|---|---|---|---|
| 围岩 | 1-1Y | 22.51 | 3317.9 | 0.85 | 0.26 | 1-1L | 3.60 |
| | 1-2Y | 21.36 | 2818.0 | 1.03 | 0.22 | 1-2L | 2.93 |
| | 1-3Y | 22.44 | 3085.1 | 0.94 | 0.25 | 1-3L | 3.57 |
| | 平均 | 22.10 | 3073.7 | 0.94 | 0.24 | 平均 | 3.37 |
| 构造 | 2-1Y | 7.93 | 1112.6 | 0.87 | 0.31 | 2-1L | 1.04 |
| | 2-2Y | 6.78 | 854.8 | 0.82 | 0.30 | 2-2L | 0.94 |
| | 2-3Y | 8.08 | 1413.2 | 0.93 | 0.29 | 2-3L | 1.46 |
| | 平均 | 7.60 | 1126.9 | 0.87 | 0.30 | 平均 | 1.15 |

由图 4.5 和图 4.6 可知，围岩类岩石材料的抗压强度及抗拉强度远大于构造类岩石材料，受黏土影响，构造类岩石强度降低特征较围岩类岩石明显。围岩类岩石试件破坏单轴压缩应力在 21.36~22.51MPa 之间，平均单轴抗压强度为 22.10MPa；单轴拉伸应力大小范围为 2.93~3.60MPa，平均抗拉强度为 3.37MPa；泊松比大小范围为 0.22~0.26，平均泊松比为 0.24，拉压比为 1/6.56。构造类岩石试件破坏单轴压缩应力在 1.85~2.87MPa 之间，平均单轴抗压强度为 7.60MPa；单轴拉伸应力大小范围为 0.94~1.46MPa，平均抗拉强度为 1.15MPa；泊松比大小范围为 0.29~0.31，平均泊松比为 0.30，拉压比为 1/6.61。

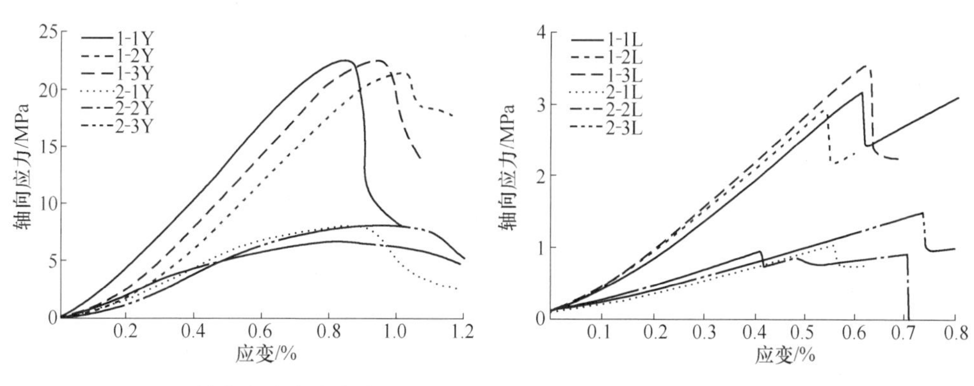


图 4.5 轴向应力应变曲线　　图 4.6 应力时间曲线

由试件的单轴压缩应力应变曲线可以清楚地看出，围岩材料脆性特征明显，因此可以利用该相似材料模拟原岩的破坏及裂隙演化过程。围岩类岩石材料与构造类岩石材料抗压强度比为 2.91，两者强度相差较为明显，两者的组合体可以有效模拟底板构造活化。单轴压缩条件下相似模拟材料破坏形式与原岩相近，如图 4.7 所示，在单轴加载时其破坏形式为拉伸破坏，并出现劈裂声响及碎片弹射等明显的脆性特征。

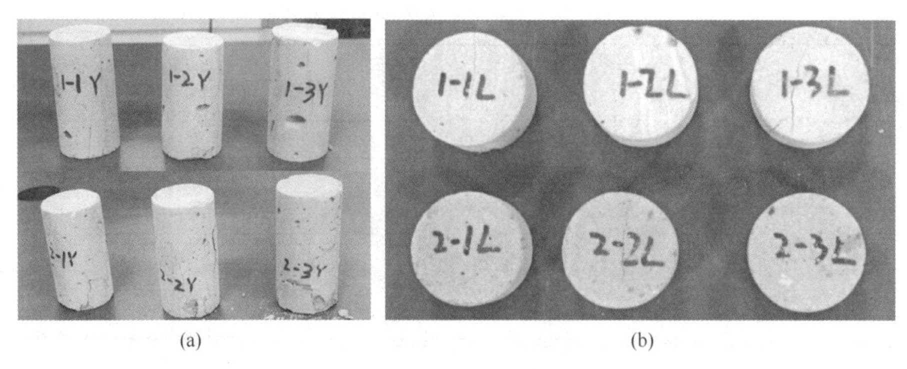


(a)　(b)

图 4.7　试件破坏形式

（a）单轴压缩破坏形式；（b）拉伸破坏形式

### 4.1.3　大尺寸含缺陷类岩石试件制作及试验方案设计

#### 4.1.3.1　大尺寸含缺陷类岩石试件制作

大尺寸类岩石试件尺寸长×宽×高为 300mm×100mm×200mm，大尺寸类岩石试件由两部分组成，围岩成分为石膏水泥材料（Ce : S : P : W），试件预制构造由黏土水泥材料（Ce : S : Cl : W）制作。试件预制构造位于试件中部对角线处，为二维穿透型裂纹，共设计 3 种长度的预制构造，分别为 335.5mm、167.7mm 和 75.9mm，预制构造宽度为 150mm，厚度为 10mm，构造与试件水平夹角为 63°。设计 6 组试验方案共 6 块大尺寸类岩石试件，其中 1 号试件不含缺陷对比试件，2 号为导通构造试件，3 号为隐伏构造试件，4 号、5 号为小构造群试件，具体方案如图 4.8 所示。

试件对开模具有效尺寸为 150mm×150mm×300mm，采用 20mm 厚的不锈钢制成，大尺寸类岩石试件制作步骤：

（1）按照配比称取质量适合的水泥、河砂、黏土和水制作构造材料，混合拌至均匀，加水和匀。

（2）将拌好的料浆浇筑到长×宽×高为 335.5mm×150mm×10mm 的模具中并置于养护箱中，养护条件：温度为 20℃，相对湿度为 95%。构造材料养护 7d 后待用。

（3）组装对开模具，在内部各表面涂抹润滑油，方便试件的脱模。

（4）按照配比称取水泥、砂子、黏土和水，拌至均匀并加水和匀，将模具放置于振动平台上，最大程度减少混合材料内部残存气泡。

（5）取出养护 7d 后的构造材料插入对开模具中，按照方案确定构造材料位置。

（6）将含有混合材料的对开模具置于养护箱中，养护条件为温度 20℃、相

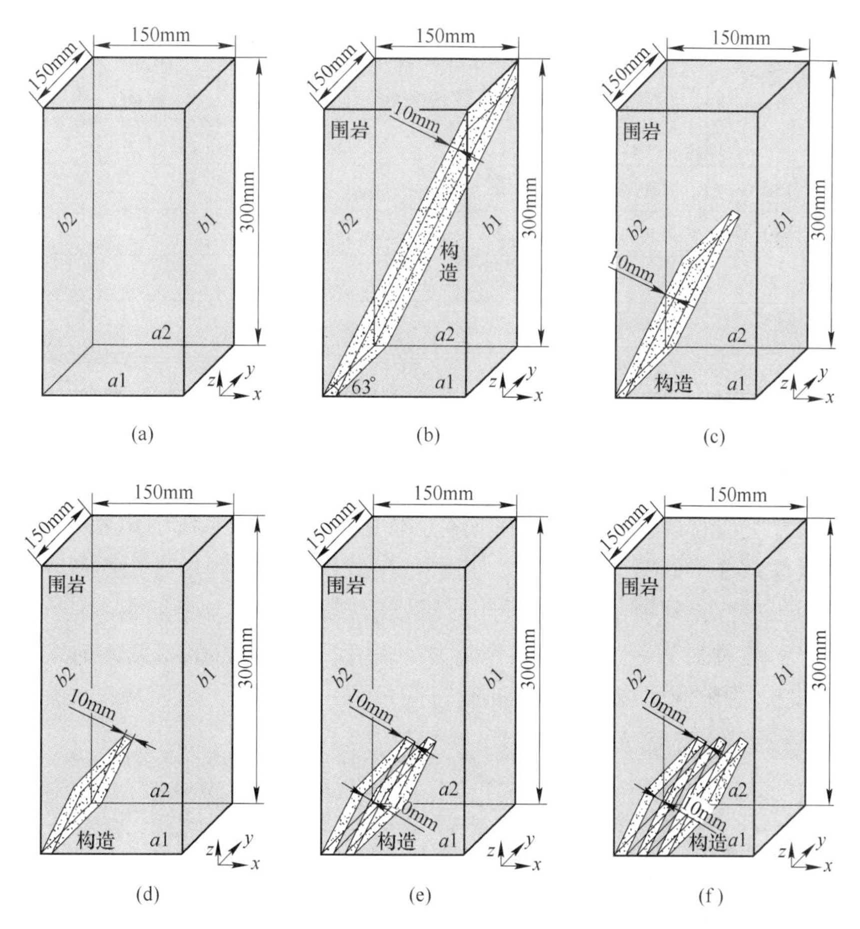


图 4.8 大尺寸类岩石实验方案设计

(a) 1 号; (b) 2 号; (c) 3 号; (d) 4 号; (e) 5 号; (f) 6 号

对湿度 95%，养护 28d。

(7) 采用细砂纸对试件端面进行打磨，保证试件端面平整度符合试验要求，成型试块如图 4.9 所示，试件具体参数见表 4.3。

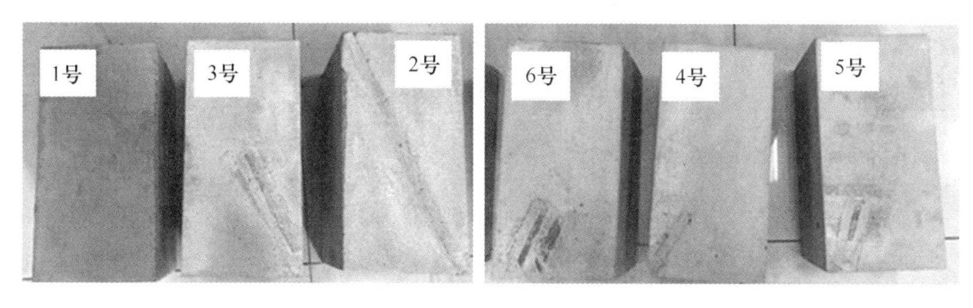


图 4.9 成型试验试件

**表 4.3　试件具体参数**

| 试件编号 | 长 /mm | 宽 /mm | 高 /mm | 质量 /kg | 密度 /g · cm$^{-3}$ | 构造数量 | 构造长度 /mm |
|---|---|---|---|---|---|---|---|
| 1 号 | 150. 1 | 149. 9 | 300. 1 | 13. 44 | 1. 99 | 0 | 0 |
| 2 号 | 150. 0 | 150. 4 | 300. 0 | 13. 84 | 2. 04 | 1 | 335. 0 |
| 3 号 | 150. 0 | 150. 2 | 300. 2 | 13. 38 | 1. 98 | 1 | 167. 0 |
| 4 号 | 150. 0 | 148. 9 | 300. 0 | 13. 26 | 1. 98 | 1 | 76. 0 |
| 5 号 | 150. 0 | 149. 0 | 300. 2 | 13. 64 | 2. 03 | 2 | 76. 0 |
| 6 号 | 150. 0 | 150. 1 | 300. 2 | 13. 62 | 2. 02 | 3 | 76. 0 |

#### 4.1.3.2　实验设备选择及测试方案确定

大尺寸类岩石试验设备主要由 3 部分组成：试验加载系统、声发射监测系统及高速摄像系统，如图 4. 10 所示。其中，在试件加载过程中 3 个系统保持试验时间的同步进行，利用在实验室便于对压机信息和场上物理量的观测信息进行对比的优势，通过对大尺寸含缺陷岩体加载过程中捕捉和比较关键时刻对应的应力-声发射-裂隙演化/破坏过程-加载时间过程中的差别，进而探讨大尺寸含缺陷岩体失稳破坏前释放的物理参量的变化过程。

图 4. 10　试验系统实物图

A　试验加载系统及加载方式

试验加载系统采用山东科技大学矿业与安全工程学院[58]自主研发的岩石真三轴试验系统，该试验系统主要由三向加载骨架、轴向加载子系统、侧向加载子系统、伺服控制系统及数据采集系统组成。试验机的轴向（$\sigma_1$）最大作用荷载为 1600kN，最大行程为 400mm；Ⅰ侧向（$\sigma_2$）最大作用力为 1000kN，最大行程为

400mm；Ⅱ侧向（$\sigma_3$）最大作用力为500kN，最大行程为400mm。该试验机主要控制方式为载荷控制，加载速率范围为0.01～100kN/s，速度控制精确度在±0.1%；试验机可实现位移控制，加载速率最低为0.01mm/s，速度控制精确度在±0.1%。

编号1号、2号和3号三个大尺寸类岩石试验采用双向加载，试件$b1$和$b2$面采用位移加载控制方式，$\sigma_2$方向加载速度为0.2mm/s，最大加载压力为20kN；试件$a1$和$a2$面无约束，$\sigma_3=0$；轴向（$\sigma_1$）方向采用位移加载控制方式，加载速率为0.1mm/s，直至试件破坏。编号4号、5号和6号三个大尺寸类岩石试验采用双向加载，$\sigma_2$方向加载速度为0.2mm/s，最大加载压力为20kN；试件$a1$和$a2$面无约束，$\sigma_3=0$；轴向（$\sigma_1$）方向采用位移加载控制方式，加载速率为0.2mm/s。

B 声发射监测系统及高速摄像系统

本试验选用由美国物理声学公司生产的MISTRAS系列[203] PCI声发射系统进行单轴加载过程中试件声发射事件的监测，声发射系统运用PCI-2主板，设备具有监测数据稳定性高和精度高等特点，同时，该设备在背景复杂噪声干扰下的监测效果较好，能够瞬时进行特征数据参数的提取和波形的进一步处理。设备选用十八位A/D转换数字信号处理模块，进而完成在加载过程中试样失稳破坏对外释放声发射信号的六通道瞬时采集、数据过滤处理以及实时分析。试验选用6通道声发射探头，将探头布置于试件$b1$和$b2$面，具体几何参数如图4.11所示。在试样加载过程中，在声发射探头和试样侧表面之间添加凡士林试剂，减少其他因素对试验造成的干扰，增加声发射信号接收效率。试验系统整体原理图如图4.12所示。采用SONY4K高速摄像机捕捉表面裂纹的传播过程。

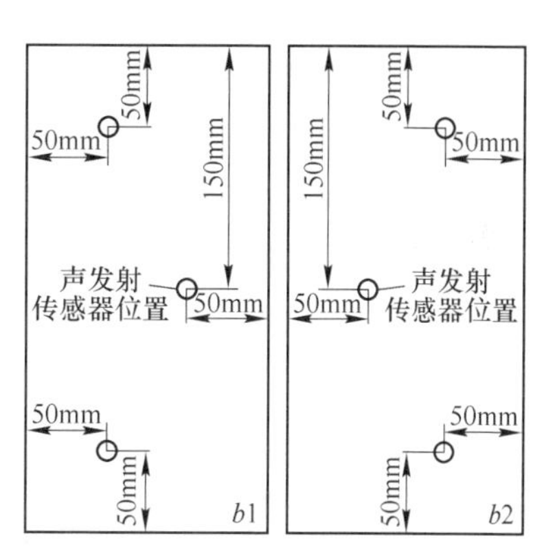

图4.11 声发射布置方式

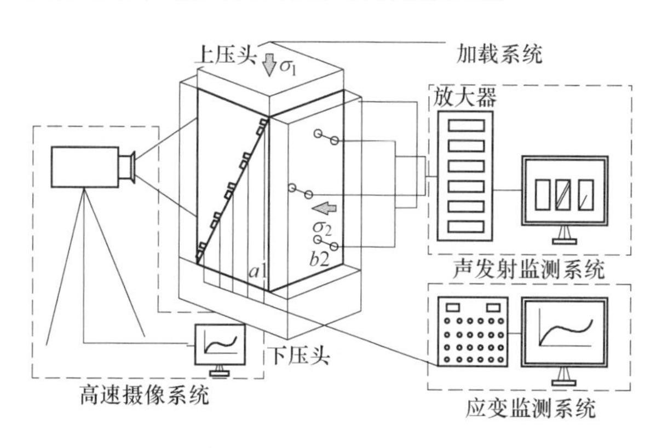

图4.12 试验系统原理图

## 4.2 大尺寸含缺陷类岩石裂纹-应力-声发射特征分析

### 4.2.1 不同尺寸构造试样破坏形式

#### 4.2.1.1 无缺陷试件破坏形式

图4.13为无缺陷1号完整试件最终宏观破坏形态，试件的破坏模式主要为拉伸破坏和剪切破坏，其中拉伸破坏占主要因素。测试材料中部产生一条贯穿上下端面的剪切面，同时，在材料下端部出现大量的拉伸裂纹，出现几条张拉破坏面。试件失稳前首先出现大量的拉伸裂纹，当拉伸裂纹达到一定数量后，初生的剪切裂纹贯通张拉破坏面，造成试件的全面失稳。受材料性质影响，试件表面形成明显的“内凹”破坏面，加载过程中产生以较大的速度向外抛射的薄块状和颗粒状的岩石，该过程伴随较为明显的爆裂声响。

#### 4.2.1.2 导通构造试件破坏形式

图4.14为导通构造2号试件最终宏观破坏形态，试件的破坏模式为构造滑剪破坏。受构造弱面的影响，试件强度相比无构造试件强度降低明显。裂纹首先产生在构造内部并导致构造岩体发生破损，这说明构造的活化是引发试件整体失稳的主要原因。自试件首次出现应力卸载，试件持续发生变形，使得积累的应变能持续释放，围岩并未发生较大程度的破坏。

(a)

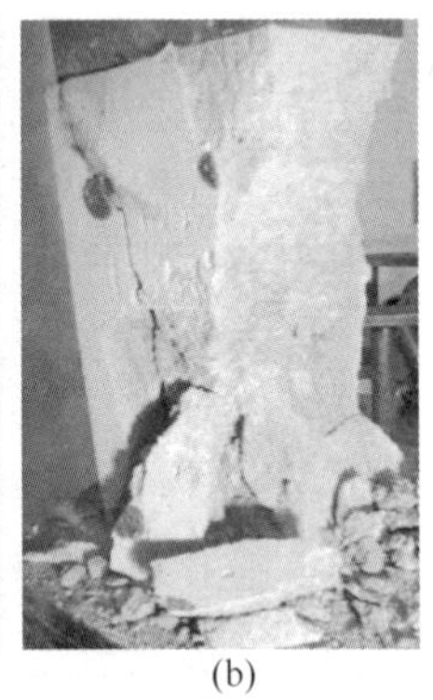
(b)

图4.13 无构造试件1号破坏方式
(a) a1面；(b) a2面

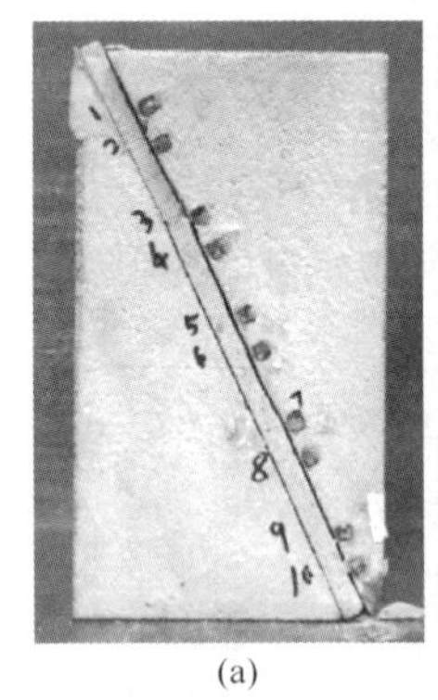
(a)

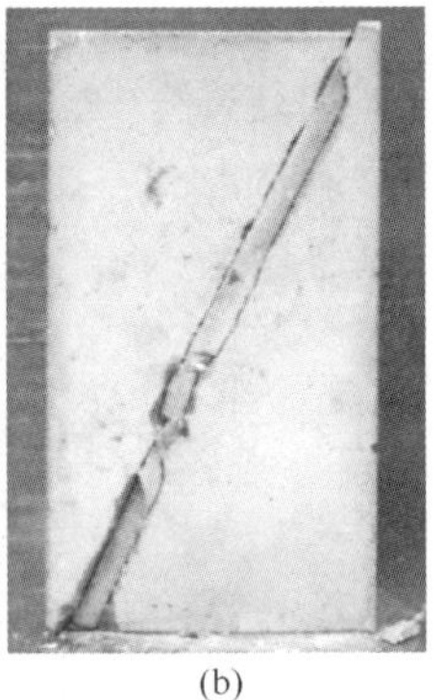
(b)

图4.14 贯穿构造2号试件破坏方式
(a) a1面；(b) a2面

#### 4.2.1.3 隐伏构造试件破坏形式

图4.15为隐伏构造3号试件最终破坏形态，试件的破坏模式主要为拉伸破

坏，其中构造弱面是试件突然失稳的主要原因。试件 $a1$ 面构造尖端作应力集中程度远高于其他部位，构造发生活化造成较多裂纹的萌生。由试件 $a2$ 面裂纹扩展形态与 $a1$ 面相似，构造尖端产生一条与上端面贯穿的拉伸裂隙，由此可见构造作为裂纹“集中”区域，活化后对试件的失稳破坏起到决定性因素。

#### 4.2.1.4　小构造群试件破坏形式

##### A　单构造试件

图 4.16 为单构造 4 号试件最终破坏形态，可以清晰看出试件的破坏模式主要为拉伸破坏和剪切破坏，其中构造活化错动是试件突然失稳的主要原因。从试件 $a1$ 面破坏方式可以看出，贯穿性拉伸裂纹贯穿构造尖端并且构造发生失稳错动，造成试件拉伸破断；试件 $a2$ 面出现两条贯穿型拉伸裂纹，一条剪切裂纹贯穿两条拉伸裂纹。由裂纹扩展过程分析可以看出，裂纹的起裂产生于构造尖端，受加载影响逐步活化错动进而造成裂纹的扩展和贯通，引发试件的整体失稳。

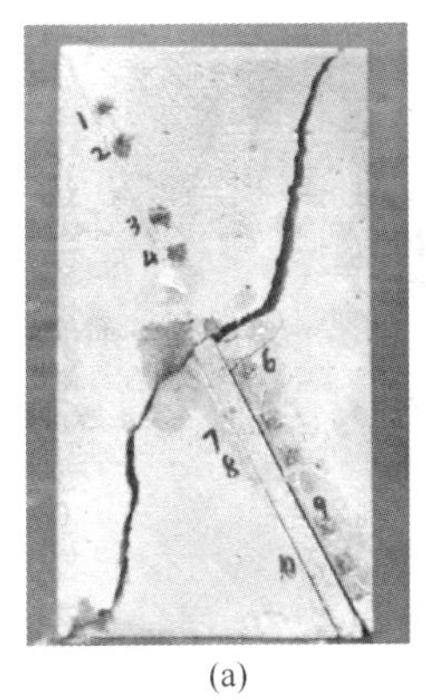

(a)

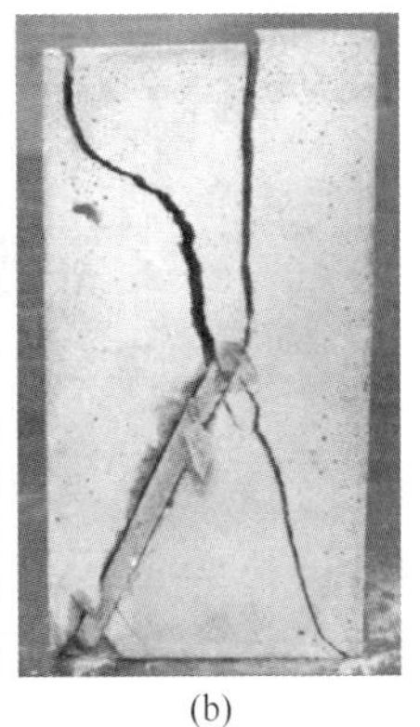

(b)

图 4.15　贯穿构造 3 号试件破坏方式

(a) a1 面；(b) a2 面

(a)

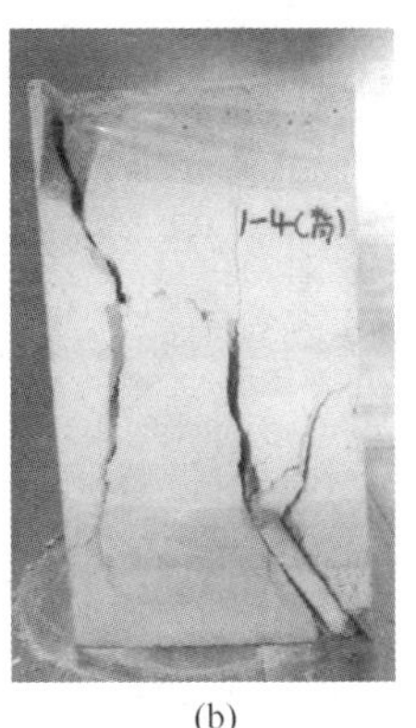

(b)

图 4.16　小构造 4 号试件破坏方式

(a) a1 面；(b) a2 面

##### B　双构造试件

图 4.17 为双构造 5 号试件最终破坏形态，试件的破坏模式主要为拉伸破坏和剪切破坏，其中缺陷构造区域出现局部岩爆现象，破坏较为严重。从试件 $a1$ 面的破坏方式可以看出，试件破坏程度相比单一小构造试件较为严重，破坏最严重的区域发生在构造附近，该面的破坏特点为构造中心发生拉伸破坏。试件 $a2$ 面的破坏形式相比 a1 面产生不同的贯穿裂纹，即在拉伸裂纹的基础上产生剪切裂纹，裂纹的起裂点产生于构造尖端。由裂纹扩展过程分析可以看出，裂纹的起裂产生于构造尖端，受加载影响逐步活化错动进而造成构造与围岩裂纹的扩展和贯通，引发试件的整体失稳。

C　三构造试件

图 4.18 为三构造 6 号试件最终破坏形态，试件的破坏模式主要为剪切破坏和拉伸破坏，其三个构造断面形成较大范围的剪切裂纹，贯穿整个缺陷构造群。从试件 $a1$ 面破坏方式可以看出，由构造群引起的剪切裂纹横向贯穿试件，因此构造群内部的各单元构造的裂纹相关贯通成为构造活化失稳的主要原因；$a2$ 面破坏区域主要集中构造群上方，构造群端部产生造成试件整体的拉伸破坏。由裂纹扩展过程分析可以看出，构造群内部各单元构造的裂纹彼此贯通，形成较大范围内的弱化带，受应力集中的影响，构造群较大范围的活化，最终造成试件的失稳破坏。

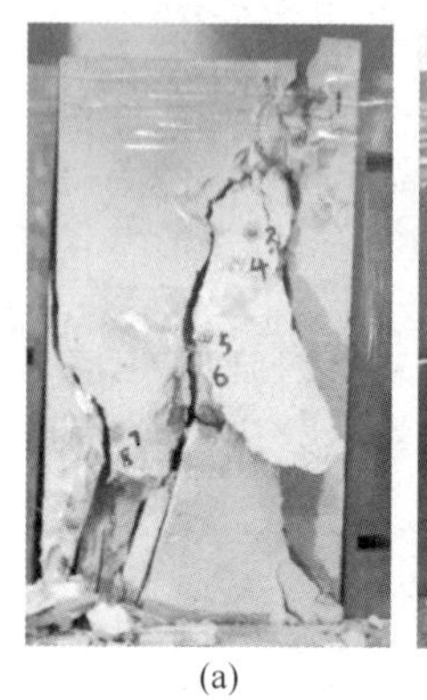

(a)

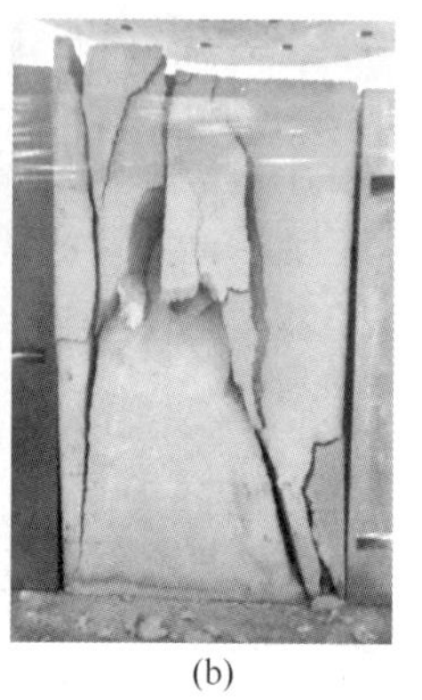

(b)

图 4.17　小构造 5 号试件破坏方式
（a）a1 面；（b）a2 面

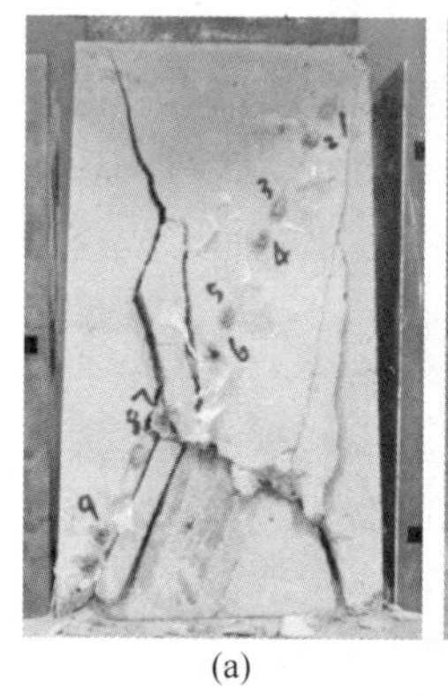

(a)

(b)

图 4.18　小构造 6 号试件破坏方式
（a）a1 面；（b）a2 面

### 4.2.2　类岩石试样表面裂纹传播及应力变化规律

对于含有构造试件，加载过程中试件表面原有构造裂隙尖端应力集中程度远高于其他部位，因此构造裂隙的扩展可以间接反应构造的活化程度，及裂纹扩展对围岩的作用。对于 2 号~6 号试件，受不同构造的影响，不同破坏形式将导致围岩裂纹传播扩展规律的不同，本节选择对应试件裂纹传播过程中 3 个代表性时刻进行分析。

4.2.2.1　无缺陷试件裂纹传播规律

1 号试件为无缺陷试件，借助高速摄像系统不同加载强度下裂纹的传播过程如图 4.19 所示。裂纹性质见表 4.4。试件加载过程中应力应变曲线如图 4.20 所示，现将 1 号试件的破坏过程中重要时刻点（$t_1$、$t_2$ 和 $t_3$）所对应的裂纹规律进行分析，其中 $t_1 = 91.53\%T$，$t_2 = 99.49\%T$，$t_3 = T$，$T$ 为试件加载破坏时间。

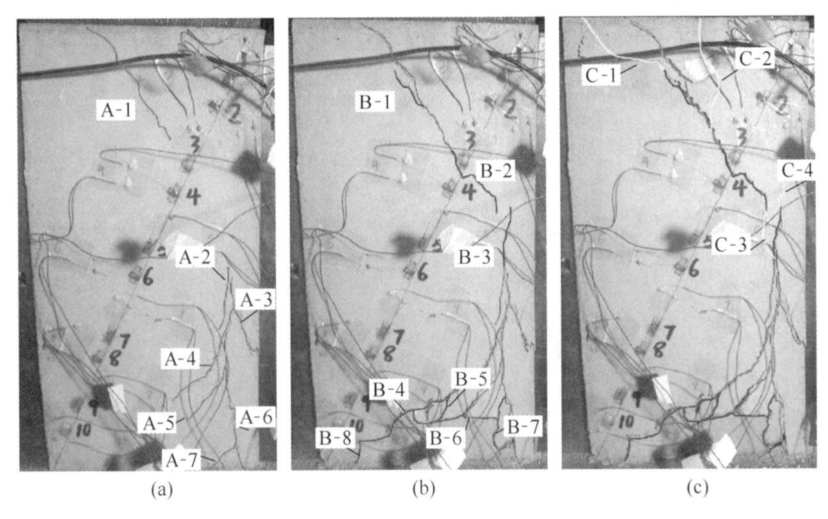


图 4.19 高速摄影下试件 1 号裂纹传播过程

(a) 21.45MPa ($t_1$); (b) 21.72MPa ($t_2$); (c) 21.65MPa ($t_3$)

**表 4.4 1 号试样表面裂纹性质**

| 编号 | 裂纹性质 | 应力水平 /MPa | 时刻点 /%$T$① | 编号 | 裂纹性质 | 应力水平 /MPa | 时刻点 /%$T$① |
|---|---|---|---|---|---|---|---|
| A-1 | 初生剪切 | 21.45 | 91.53 | B-4 | 次生剪切 | 21.72 | 99.49 |
| A-2 | 初生拉伸 | 21.45 | 91.53 | B-5 | 次生拉伸 | 21.72 | 99.49 |
| A-3 | 初生拉伸 | 21.45 | 91.53 | B-6 | 次生剪切 | 21.72 | 99.49 |
| A-4 | 次生剪切 | 21.45 | 91.53 | B-7 | 次生拉伸 | 21.72 | 99.49 |
| A-5 | 次生剪切 | 21.45 | 91.53 | B-8 | 初生拉伸 | 21.72 | 99.49 |
| A-6 | 初生拉伸 | 21.45 | 91.53 | C-1 | 初生剪切 | 21.65 | 100 |
| A-7 | 次生剪切 | 21.45 | 91.53 | C-2 | 次生拉伸 | 21.65 | 100 |
| B-1 | 次生剪切 | 21.72 | 99.49 | C-3 | 次生拉伸 | 21.65 | 100 |
| B-2 | 次生剪切 | 21.72 | 99.49 | C-4 | 次生拉伸 | 21.65 | 100 |
| B-3 | 次生拉伸 | 21.72 | 99.49 | | | | |

①试件加载破坏时间。

### A 裂纹萌生阶段-活化初期

当试件加载至 21.45MPa 时，即达到峰值强度的 97.6%，试件破坏时间的 91.53%，如图 4.19（a）所示，裂纹 A-1 和 A-6 首先分别在试件上下两端起裂，起裂角度与主应力分别呈 45°和 10°，后者沿最大主应力方向传播；同时，初生拉伸裂纹 A-2 和 A-3 起裂于试件中部，与主应力呈 10°和 18°并沿主应力方向传播。A-4、A-5 和 A-7 在 A-6 裂纹基础上形成次生剪切裂纹。

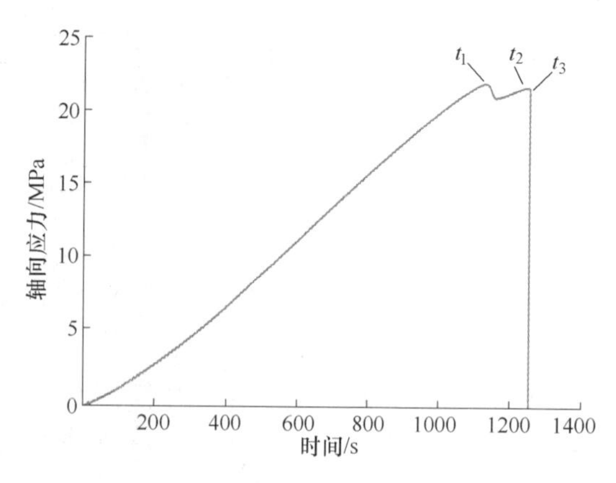


图 4.20　试件 1 号应力应变曲线

B　裂纹大量产生及扩展连通阶段-全面活化

当试件加载至抗压强度的 98.9%（21.72MPa），试件破坏时间的 99.49%，如图 4.19（b）所示，试件裂纹进一步扩展并且端面产生了新的裂纹，次生裂纹 B-1、B-2 和 B-3 在原有裂纹进一步扩展，此时裂纹之间逐渐贯通，且原有初生裂纹垂直位移逐渐增大。初生裂纹 B-8 以接近垂直应力方向向上延伸，并与次生裂纹 B-4~B-7 形成的裂纹网连接，说明试件即将进入全面失稳。

C　裂纹全面贯通试件全面失稳阶段

当试件加载至抗压强度后期，裂纹产生的数量相对于上一阶段较大，但裂纹相互贯通程度达到最大。其中，贯通裂纹 C-3 和 C-4 的产生将试件上下两部分的裂纹网相互连接，造成试件的全面失稳破坏。受材料性质的影响，试件失稳前积聚了大量的弹性能，导致试件破坏时发生岩爆，C-1 和 C-2 的产生加速了应变能的释放，造成试件的进一步破坏。

#### 4.2.2.2　导通构造试件裂纹传播规律

2 号试件为构造导通上下端面的试件，不同加载强度下裂纹的传播过程如图 4.21 所示。裂纹性质见表 4.5。试件加载过程中应力应变曲线如图 4.22 所示，现将 2 号试件的破坏过程中重要时刻点（$t_1$、$t_2$ 和 $t_3$）所对应的裂纹规律进行分析，其中 $t_1$ = 17.97%$T$，$t_2$ = 57.50%$T$，$t_3$ = 89.68%$T$，$T$ 为试件整体失稳时间。

A　滑剪裂纹萌生阶段-活化初期

当试件加载至 2.00MPa 时，即峰值强度的 97.55%，试件整体失稳时间的 17.97%，如图 4.22（a）所示，滑剪裂纹 A-1 首先出现在构造下弱面中部位置，并逐渐沿构造倾向试件下端面扩展；裂纹 A-2 自试件上断面产生，沿构造上弱面扩展，此时试件断面上盘岩体产生竖向位移。

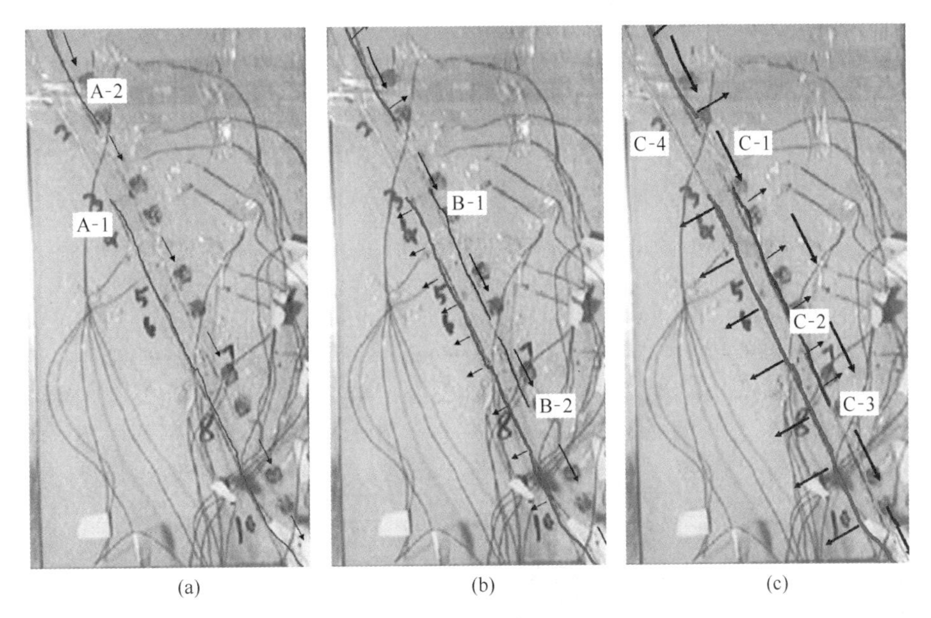


图 4.21 高速摄影下试件 2 号裂纹传播过程

(a) 2.00MPa ($t_1$); (b) 1.18MPa ($t_2$); (c) 0.71MPa ($t_3$)

**表 4.5 2 号试样表面裂纹性质**

| 编号 | 裂纹性质 | 应力水平/MPa | 时刻点/%T① | 编号 | 裂纹性质 | 应力水平/MPa | 时刻点/%T① |
|---|---|---|---|---|---|---|---|
| A-1 | 初生剪切 | 2.00 | 17.97 | C-1 | 次生剪切 | 0.71 | 89.68 |
| A-2 | 初生剪切 | 2.00 | 17.97 | C-2 | 次生剪切 | 0.71 | 89.68 |
| B-1 | 初生剪切 | 1.18 | 57.50 | C-3 | 次生剪切 | 0.71 | 89.68 |
| B-2 | 初生剪切 | 1.18 | 57.50 | C-4 | 初生剪切 | 0.71 | 89.68 |

①试件加载破坏时间。

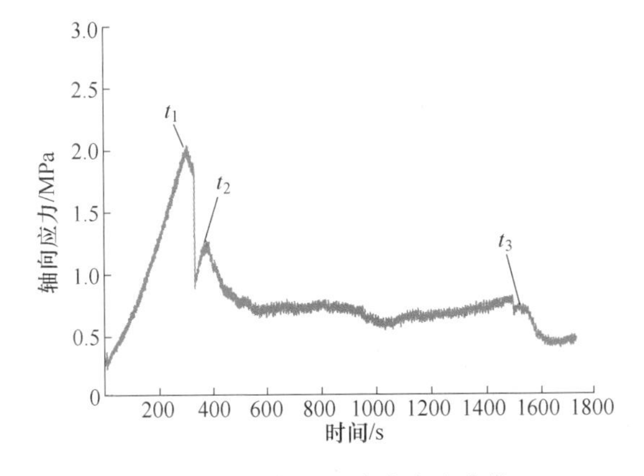


图 4.22 试件 2 号应力应变曲线

B　裂纹全面贯通试件全面失稳阶段

在滑剪裂纹扩展横向位移产生阶段后期，随着加载的进行，试件在承载一定压力的条件下产生较大的竖向变形，造成裂纹宽度逐渐增大。当加载试件整体失稳时间的 89.69%$T$，轴向应力为 0.71MPa，C-1～C-3 的产生使得构造上弱面的裂纹发生贯穿，C-4 的产生将试件上下端面相互连接，试件发生全面失稳。

4.2.2.3　隐伏构造试件裂纹传播规律

3 号试件为隐伏构造半贯通试件，不同加载强度下裂纹的传播过程如图 4.23 所示。裂纹性质见表 4.6。试件加载过程中应力应变曲线如图 4.24 所示，现将 3 号试件的破坏过程中重要时刻点（$t_1$、$t_2$和 $t_3$）所对应的裂纹规律进行分析，其中 $t_1$=47.18%$T$，$t_2$=88.79%$T$，$t_3$=98.74%$T$，$T$ 为试件完全破坏时间。

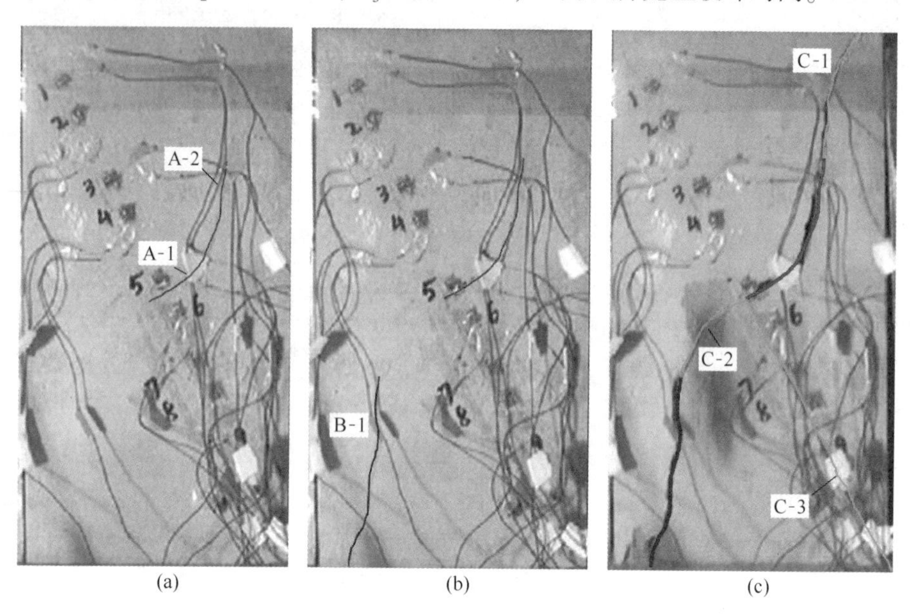


图 4.23　高速摄影下试件 3 号裂纹传播过程

（a）4.68MPa（$t_1$）；（b）10.03MPa（$t_2$）；（c）10.48MPa（$t_3$）

**表 4.6　3 号试样表面裂纹性质**

| 编号 | 裂纹性质 | 应力水平/ MPa | 起裂时刻点/%$T$① |
|---|---|---|---|
| A-1 | 初生剪切裂纹 | 4.68 | 47.18 |
| A-2 | 初生拉伸裂纹 | 4.68 | 47.18 |
| B-1 | 初生拉伸裂纹 | 10.03 | 88.79 |
| C-1 | 次生拉伸裂纹 | 10.48 | 98.74 |
| C-2 | 次生剪切裂纹 | 10.48 | 98.74 |
| C-3 | 次生剪切裂纹 | 10.48 | 98.74 |

①试件加载破坏时间。

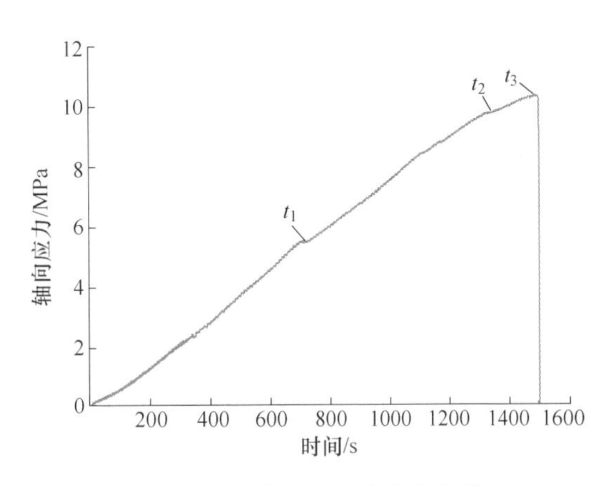


图 4.24 试件 3 号应力应变曲线

A 构造裂纹萌生阶段-活化前期

当试件加载至 4.68MPa 时，占峰值强度的 44.61%，占试件完全破坏时间的 47.18%，该阶段内构造尖端首先产生裂纹。半贯穿构造尖端首先出现“表皮”破碎及裂纹的起裂，从构造上部尖端产生Ⅱ型破坏，裂纹起裂后迅速与构造尖端相连接形成剪切裂纹 A-1，与主应力成 55°；与此同时，试件中部出现与主应力成 10°初生拉伸裂纹 A-2，随后 A-1、A-2 随加载影响裂纹逐渐扩展，并发生相互连接。由图 4.24 试件 3 号应力应变曲线可以清晰地看出，$t_1$ 时刻应力应变曲线出现短暂的下降，这是 A-1 和 A-2 裂纹的扩展，试件发生的竖向位移引发轻微卸载造成的。

B 围岩裂纹萌生阶段-活化初期

当试件加载至 10.03MPa 时，达到峰值强度的 95.61%，试件完全破坏时间的 88.79%，构造下方岩体由端部向上产生Ⅰ型破坏，拉伸裂纹 B-1（与主应力成 15°）逐渐产生并向构造尖端扩展延伸，但并未产生裂隙的贯通。由试件 3 号应力应变曲线可以清晰地看出，受裂纹 B-1 的影响，$t_2$ 时刻应力应变曲线出现短暂的下降。

C 裂纹全面贯通试件全面失稳阶段-全面活化

当试件加载至峰值强度的 99.90%时（10.48MPa），占试件完全破坏时间的 98.74%，从裂纹 A-2 尖端向主应力方向产生次生拉伸裂纹 C-1，随后裂纹 C-1 向试件上断面扩展，直至产生上断面至构造尖端的贯穿裂纹；次生剪切裂纹C-2产生于 B-1 裂纹尖端，并与 A-1 连接贯通；剪切裂纹 C-3 首先产生构造尖端，沿构造倾向方向向下扩展，直至试件下端面，该裂纹的产生直接造成了试件的突然失稳。因此在该阶段构造裂纹与围岩裂纹发生贯通，造成试件的失稳破坏。

#### 4.2.2.4　构造群试件裂纹传播规律

A　单构造试件

编号4号、5号和6号大尺寸类岩石中构造占整体几何尺寸相对较小，若采用0.1mm/s加载速率进行试验，试件裂纹扩展不明显，因此4号、5号和6号大尺寸试件采用0.2mm/s加载速率。试件4号为单一小构造试件，裂纹的传播过程如图4.25所示，裂纹性质见表4.7。试件加载过程中应力应变曲线如图4.26所示，其中 $t_1=80.55\%T$，$t_2=95.31\%T$，$t_3=97.50\%T$，$T$ 为试件加载破坏时间。

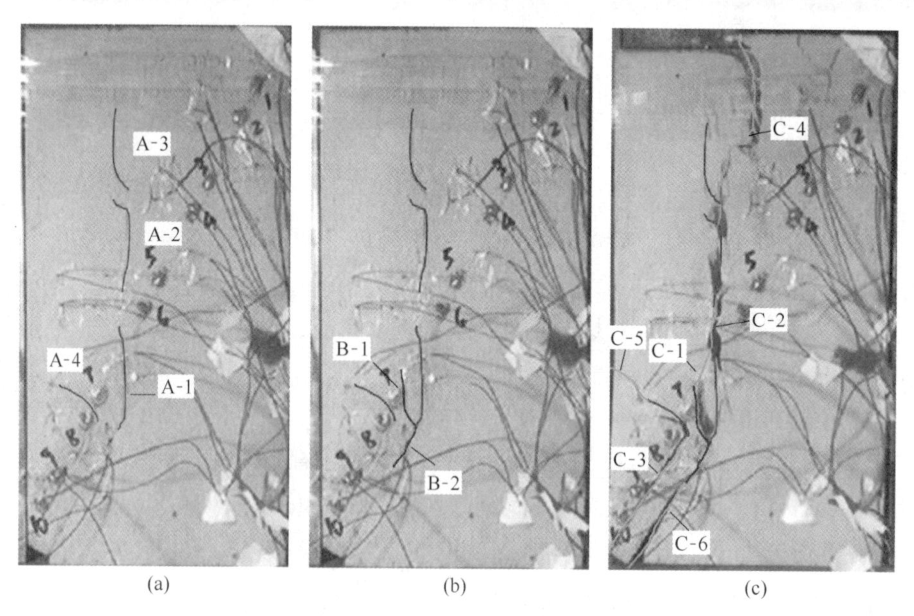


图4.25　高速摄影下试件4号裂纹传播过程

(a) 13.55MPa ($t_1$)；(b) 15.50MPa ($t_2$)；(c) 15.14MPa ($t_3$)

**表4.7　4号试样表面裂纹性质**

| 编号 | 裂纹性质 | 应力水平 /MPa | 起裂时刻点 /%T① | 编号 | 裂纹性质 | 应力水平 /MPa | 起裂时刻点 /%T① |
|---|---|---|---|---|---|---|---|
| A-1 | 初生拉伸 | 13.55 | 80.55 | C-1 | 次生拉伸 | 15.14 | 97.50 |
| A-2 | 初生拉伸 | 13.55 | 80.55 | C-2 | 次生拉伸 | 15.14 | 97.50 |
| A-3 | 初生拉伸 | 13.55 | 80.55 | C-3 | 次生剪切 | 15.14 | 97.50 |
| A-4 | 初生剪切 | 13.55 | 80.55 | C-4 | 初生拉伸 | 15.14 | 97.50 |
| B-1 | 次生拉伸 | 15.50 | 95.31 | C-5 | 次生剪切 | 15.14 | 97.50 |
| B-2 | 次生剪切 | 15.50 | 95.31 | C-6 | 次生剪切 | 15.14 | 97.50 |

①试件加载破坏时间。

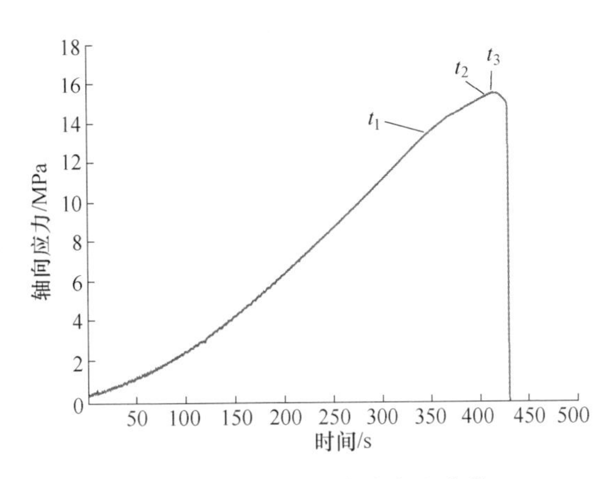


图 4.26　试件 4 号应力应变曲线

a　构造及围岩裂纹萌生阶段-活化前期

当试件加载至 13.55MPa 时，即峰值强度的 87.26%，如图 4.25（a）所示，构造尖端首次出现初生拉伸裂纹 A-1，沿最大主应力方向传播。初生拉伸裂纹 A-2和 A-3 起裂于试件中部，A-2、A-3 裂纹与 A-1 裂纹近乎同一垂线上，但是彼此没有发生贯通。初生剪切裂纹 A-4 出现于构造上端部，与主应力成 40°向试件左边边界扩展。在该阶段构造裂纹首先起裂于构造尖端部位，同时受加载影响围岩产生竖向拉伸裂纹。

b　构造活化裂纹大量产生阶段-活化初期

当试件加载至抗压强度的 99.82%（15.50MPa），试件破坏时间的 95.31%，如图 4.25（b）所示。在该阶段，试件围岩不再发生裂纹的产生、扩展或贯通，裂纹集中产生于构造尖端。次生拉伸裂纹 B-2 产生于 A-1 裂纹起裂位置处，并沿与主应力成 10°方向向上发展。同时，次生剪切裂纹 B-2 产生于 A-1 裂纹起裂处，沿构造倾向方向扩展，造成构造失稳错动。该阶段构造进一步活化，产生大量裂纹并发生错动。

c　构造整体活化裂隙贯通阶段-全面活化

当试件加载至 15.14MPa，即抗压强度的 97.50%，构造发生整体活化，该阶段产生的次生拉伸裂纹 C-1 和 C-2 贯通裂纹 A-1、B-1 和 A-2，构造上部岩体发生破碎。次生剪切裂纹 C-3 和 C-6 沿构造倾向方向扩展，构造整体活化。随着构造的错动，初生拉伸裂纹 C-4 自试件上端面发生扩展，并连通 A-3 裂纹，试件整体失稳。受加载位移影响构造发生失稳错动，构造向左侧运动引起次生剪切裂纹 C-5 起裂，构造上部位岩体折断。该阶段构造裂纹与围岩裂纹连接并贯通，造成试件破坏。

B　双构造试件裂纹传播规律

5 号试件为双构造试件，裂纹的传播过程如图 4.27 所示，裂纹性质见表 4.8。试件加载过程中应力应变曲线如图 4.28 所示，其中 $t_1 = 94.07\%T$，$t_2 = 99.18\%T$，$t_3 = 99.75\%T$，$T$ 为试件加载破坏时间。

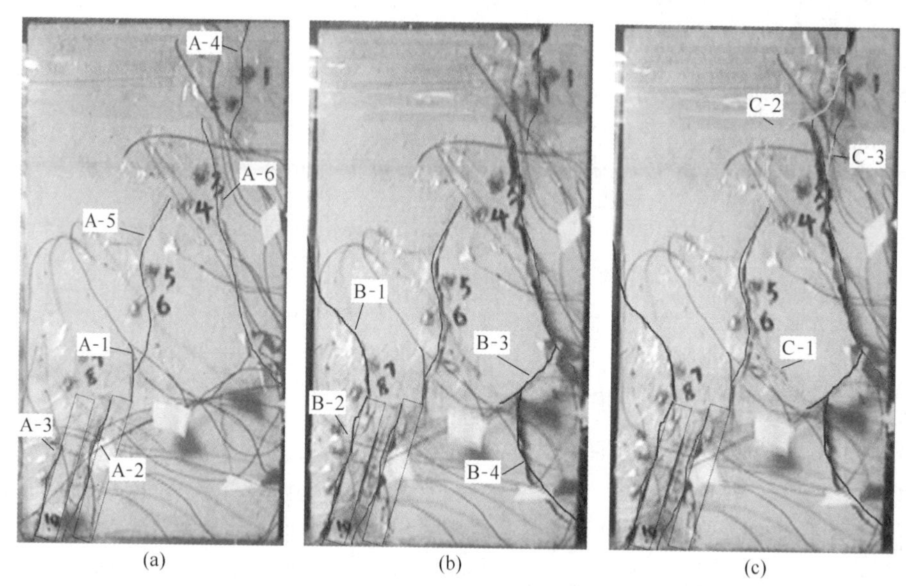


图 4.27　高速摄影下试件 5 号裂纹传播过程

（a）18.81MPa（$t_1$）；（b）15.41MPa（$t_2$）；（c）完全破坏（$t_3$）

**表 4.8　5 号试样表面裂纹性质**

| 编号 | 裂纹性质 | 应力水平 /MPa | 起裂时刻点 /%T① | 编号 | 裂纹性质 | 应力水平 /MPa | 起裂时刻点 /%T① |
|---|---|---|---|---|---|---|---|
| A-1 | 初生拉伸 | 18.81 | 94.07 | B-2 | 次生剪切 | 15.41 | 99.18 |
| A-2 | 初生剪切 | 18.81 | 94.07 | B-3 | 次生剪切 | 15.41 | 99.18 |
| A-3 | 初生剪切 | 18.81 | 94.07 | B-4 | 初生拉伸 | 15.41 | 99.18 |
| A-4 | 初生拉伸 | 18.81 | 94.07 | C-1 | 次生剪切 | 完全破坏 | 99.75 |
| A-5 | 次生拉伸 | 18.81 | 94.07 | C-2 | 次生拉伸 | 完全破坏 | 99.75 |
| A-6 | 初生剪切 | 18.81 | 94.07 | C-3 | 次生拉伸 | 完全破坏 | 99.75 |
| B-1 | 次生剪切 | 15.41 | 99.18 | | | | |

①　试件加载破坏时间。

a　构造及围岩裂纹萌生阶段-活化初期

当试件加载至 18.81MPa 时，即峰值强度的 99.79%，试件进入构造、围岩裂纹萌生阶段。该阶段构造首先发生裂纹起裂，随着加载的进行，围岩产生竖向的拉伸裂纹。构造尖端首次出现初生拉伸裂纹 A-1，沿最大主应力方向传播。初生滑剪裂纹 A-2 和 A-3 自构造底部沿倾向向上扩展，构造初步活化，受双构造的影响试件初次破坏产生裂纹范围较大。构造裂纹产生后围岩出现裂纹，初生拉伸裂纹 A-4 由试件上端沿主应力方向向下扩展，剪切裂纹 A-6 由试件右端面向上端面扩展，但两者没有发生贯通。

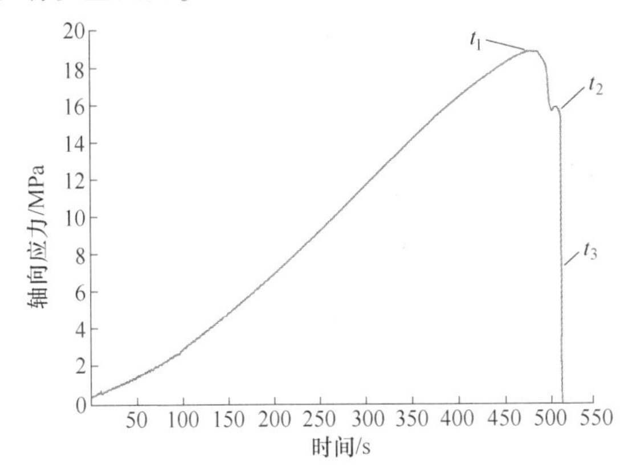


图 4.28 试件 5 号应力应变曲线

b 构造及围岩裂纹产生扩展阶段-全面活化

上阶段之后，试件达到极限抗压强度，试件内部产生裂纹相互贯通造成承载性能下降。当试件加载至抗压强度后期及试件破坏时间的 99.18%，试件残余强度为 15.41MPa，这段试件承载应力基本不变，在该时刻构造尖端出现初生剪切裂纹 B-1，与最大主应力呈 30°，同时构造产生 B-2 裂纹并与 A-3 贯通，引起构造活化。围岩在该阶段依次产生剪切裂纹 B-3 和拉伸裂纹 B-4，两裂纹相互贯通，引起试件再次失稳，应力应变曲线轴向应力下降。

c 构造及围岩裂隙贯通阶段

构造及围岩裂隙贯通阶段发生于试件的完全破坏期，此时出现构造裂纹与围岩裂纹的贯通，次生剪切裂纹 C-1 和次生拉伸裂纹 C-2 与围岩产生的裂纹发生贯通，该裂纹的产生造成试样整体的失稳破坏。

C 三构造试件裂纹传播规律

试件 6 号为 3 个构造试件，裂纹的传播过程如图 4.29 所示，裂纹性质见表 4.9。试件加载过程中应力应变曲线如图 4.30 所示，其中 $t_1=98.28\%T$，$t_2=98.59\%T$，$t_3=99.96\%T$，$T$ 为试件加载破坏时间。

a 构造裂纹萌生阶段-活化初期

当试件加载至 17.24MPa 时，即峰值强度的 99.62%，试件进入构造裂纹萌生阶段。该阶段构造发生裂纹起裂，构造尖端出现反翼拉伸裂纹 A-2，沿最大主应力方向向下传播。初生拉伸裂纹 A-1 自构造底部沿倾向向上扩展，并与 A-2 贯通。构造裂纹产生后围岩出现裂纹，初生拉伸裂纹 A-4 由试件上端沿主应力方向向下扩展，剪切裂纹 A-6 由试件右端面向上端面扩展，但两者没有发生贯通。

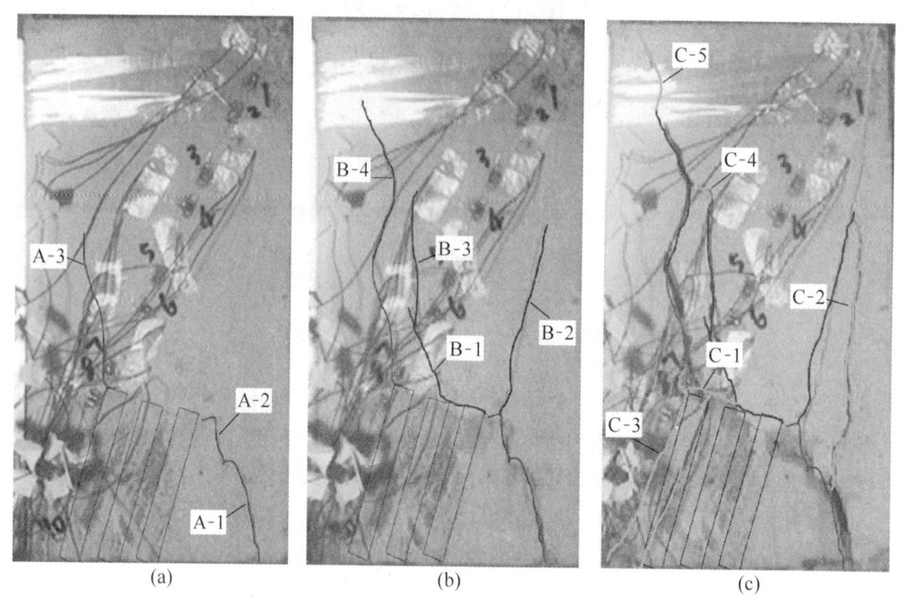


图 4.29　高速摄影下试件 6 号裂纹传播过程

（a）17.24MPa（$t_1$）；（b）17.30MPa（$t_2$）；（c）完全破坏（$t_3$）

**表 4.9　6 号试样表面裂纹性质**

| 编号 | 裂纹性质 | 应力水平/MPa | 起裂时刻点/%T① | 编号 | 裂纹性质 | 应力水平/MPa | 起裂时刻点/%T① |
|---|---|---|---|---|---|---|---|
| A-1 | 初生拉伸 | 17.24 | 98.28 | B-4 | 次生拉伸 | 17.30 | 98.59 |
| A-2 | 反翼拉伸 | 17.24 | 98.28 | C-1 | 次生剪切 | 完全破坏 | 99.96 |
| A-3 | 初生剪切 | 17.24 | 98.28 | C-2 | 初生拉伸 | 完全破坏 | 99.96 |
| B-1 | 次生剪切 | 17.30 | 98.59 | C-3 | 次生剪切 | 完全破坏 | 99.96 |
| B-2 | 次生拉伸 | 17.30 | 98.59 | C-4 | 次生剪切 | 完全破坏 | 99.96 |
| B-3 | 初生拉伸 | 17.30 | 98.59 | C-5 | 次生拉伸 | 完全破坏 | 99.96 |

①　试件加载破坏时间。

b　构造活化裂纹大量产生阶段-全面活化

当试件加载至抗压强度的 99.96%，试件破坏时间的 98.59%，如图 4.29（b）所示。在该阶段，试件围岩出现裂纹的产生、扩展或贯通，裂纹集中在构造附近。次生剪切裂纹 B-1 产生于 A-2 裂纹起裂位置处，并沿与主应力成 80°方向向上发展，同时试件中部产生的竖向初生拉伸裂纹与 B-3 贯通，次生剪切裂纹 B-2 和 B-4 产生于 A-2 和 A-3 处，沿最大主应力倾向方向扩展，造成构造失稳错动。该阶段构造进一步活化，产生大量裂纹并发生错动。

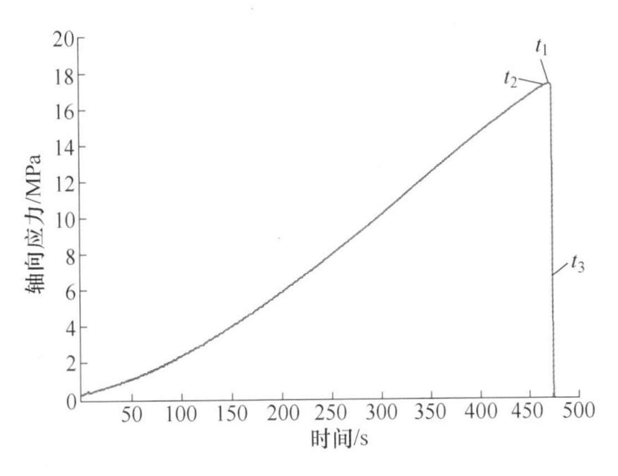


图 4.30 试件 6 号应力应变曲线

c 构造裂纹贯通阶段

构造裂纹贯通阶段发生于试件的完全破坏期，此时出现构造裂纹内部贯通及与围岩裂纹的贯通，次生剪切裂纹 C-1 和 C-3 将 3 个构造起裂裂纹相互贯通。初生拉伸裂纹 C-2 自试件上端面向下扩展并与 B-2 与 A-1 贯通，贯通裂纹 C-4 和C-5 将贯通构造裂纹与试件端面，造成整体试件发生失稳破坏。

### 4.2.3 类岩石试样声发射-应力监测结果分析

由于试样岩体内部或多或少的存在缺陷，如完整试样内部原生缺陷和含构造试样的人工缺陷，缺陷部分在外部载荷的作用下发生活化，进而造成损伤破坏，破坏过程中岩体积累的弹性能以弹性波的形式向外释放，并在介质体中快速传播。对声发射监测结果研究，对深刻了解缺陷岩体破裂失稳机制有十分重要的意义。

用以表征声发射特征的参数较多[210]，如声发射事件计数、能量和幅值。声发射计数反映某时刻内声发射事件发生的频率，声发射能量指产生该事件的能量，该值与监测幅值的平方成正比，表征声发事件能量的强弱程度。本节选用文献［211］中修正后的损伤变量和声发射事件能量描述缺陷岩体的损伤演化特征。修正后的损伤变量 $D$ 以声发射事件计数和累计事件计数为特征参量，可定义为：

$$D = \left(1 - \frac{\sigma_C}{\sigma_P}\right)\frac{C_d}{C_0} \tag{4.1}$$

式中，$D$ 为损伤变量；$C_d$ 为试样压缩破坏全过程的声发射事件计数总和；$C_0$ 为阶段内声发射事件计数；$\sigma_P$ 为峰值强度；$\sigma_C$ 为残余强度。

#### 4.2.3.1　无缺陷试件声发射特征

对加载破坏过程获取的声发射信息展开分析可知，6 个 AE 传感器数据具有同步变化特征，因此选取通道 1 所监测的传感器数据进行分析。对无缺陷 1 号完整试件声发射监测数据进行整理分析，如图 4.31 所示。

由图 4.31（a）所示，完整岩体在双轴加载条件下，可以将该脆性完整岩石的损伤破坏过程分为 4 个阶段：第 1 阶段为初始损伤段，第 2 阶段为应变积累段，第 3 阶段为损伤快速发展段，第 4 阶段为损伤破坏段。

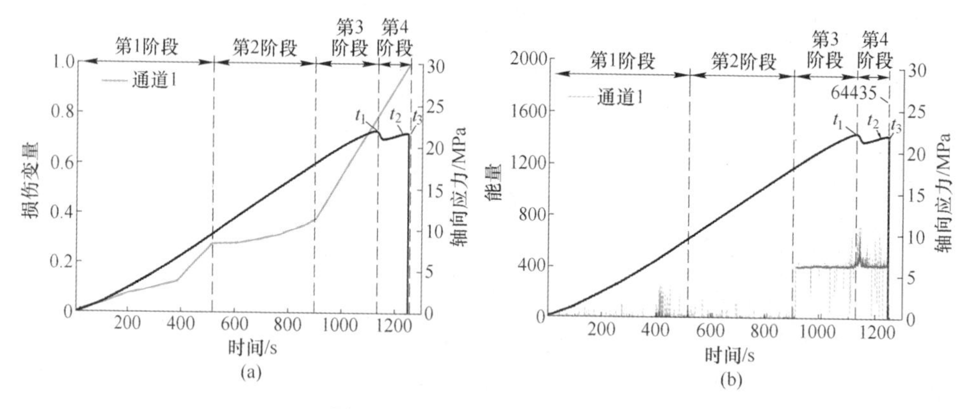


图 4.31　1 号试件声发射特征

（a）轴向应力-损伤关系曲线；（b）轴向应力-时间-能量关系曲线

在第 1 阶段岩石损伤变量较小，处于加载压密阶段，未产生大范围的微裂纹或者微裂隙，造成声发射事件数量少能量低；在第 2 阶段损伤变量缓慢增大，由于该材料脆性明显，加载过程吸收大量的弹性能，局部区域发生新裂纹的产生和扩展；在第 3 阶段损伤变量急剧增大，试样中不断产生新的裂纹而且原有裂纹彼此连接贯通，同时各个区域相互作用程度增大，试件表面首先产生宏观破坏；在第 4 阶段损伤变量达到峰值，前期积累的弹性应变能突然释放，并产生岩爆的现象。

图 4.31（b）为加载过程中轴向应力-时间-能量关系曲线，可以明显地看出在第 1、2 阶段仅有能量较低的声发射事件发生，事件能量均小于 400。进入第 3 阶段，试样内部连续产生声发射事件，能量稳定在 400 左右，说明试件内部大部分区域发生微裂纹扩展；直至 $t_1$时刻，试件表面瞬间产生 A-1～A-7 拉伸裂纹和剪切裂纹，表明试件进入失稳阶段初期。在第 4 阶段，声发射事件数量密集增大并出现波动变化，而且部分事件能量达到 800；在 $t_2$时刻，试件表面形成裂隙网，彼此相互贯通，该时刻能量波动预示试件将进入全面失稳；进入 $t_3$时刻，试件上

下部分的裂隙网连接，试件发生全面损伤破坏，最大声发射事件能量高达64435。

#### 4.2.3.2 导通构造试件声发射特征

在2号试件中，由于构造完全贯通试样，在加载过程中应力-时间特征不同于其他试件，如图4.32（a）所示。根据轴向应力-损伤变量曲线，可将岩体损伤破坏过程分为4个阶段：第1阶段为缺陷部位损伤发展阶段，第2阶段为整体损伤稳定段，第3阶段为完整部分损伤快速发展段，第4阶段为损伤破坏段。

在缺陷部位损伤发展阶段岩石损伤表现在构造中，缺陷部分与完整部分产生滑剪破裂，造成$t_1$时刻滑剪裂纹的产生；在第2阶段，由于试件缺陷岩体部分构造面区域产生变形滑移，释放部分积聚的弹性能，并未造成试样的持续性损伤(参见$t_2$时刻滑剪裂纹扩展横向裂纹产生阶段)；在第3阶段损伤变量逐渐增大，完整部分岩石成为试样的主承载区域，完整部分岩体中不断产生新的裂纹而且原有裂纹彼此连接贯通；在第4阶段损伤变量接近临界损伤变量，构造内部裂纹产生大范围的贯通（$t_3$时刻)，试件上下断面相互连接，试件发生全面失稳。

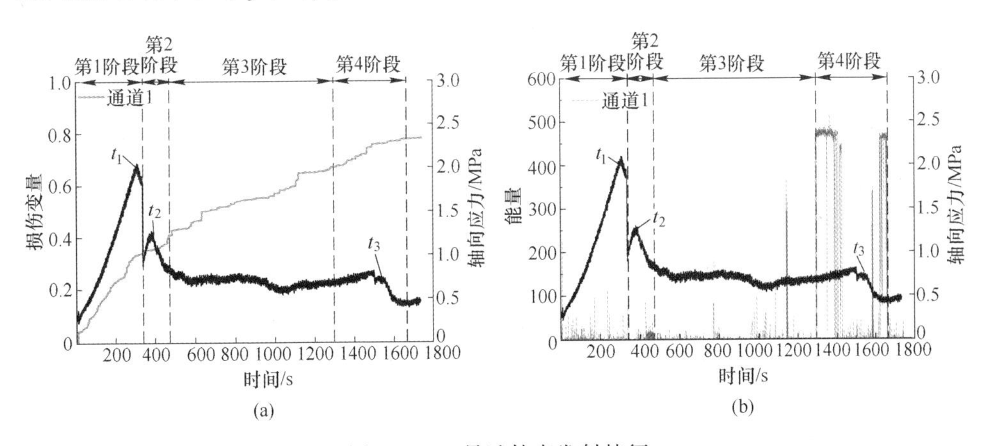


图4.32 2号试件声发射特征

（a）轴向应力-损伤关系曲线；（b）轴向应力-时间-能量关系曲线

由该试样损伤变量变化趋势可知，不同于1号试样，由于构造的存在，声发射事件在整个加载过程持续性产生，因此造成事件总数较多，但是能量较低（小于500)，未产生能量的突然释放，如图4.32（b）轴向应力-时间-能量关系曲线所示。在试件发生全面失稳前（$t_3$时刻）100s内，声发射事件能量达到最大，该时刻能量波动预示试件将进入全面失稳。

#### 4.2.3.3 隐伏构造试件声发射特征

由图4.33（a）所示，在加载条件下将隐伏构造3号试件的损伤破坏过程分为4个阶段：第1阶段为缺陷部分损伤加速发展段，第2阶段为缺陷部分损伤临界段，第3阶段为完整部分应变积累段，第4阶段为损伤破坏段。

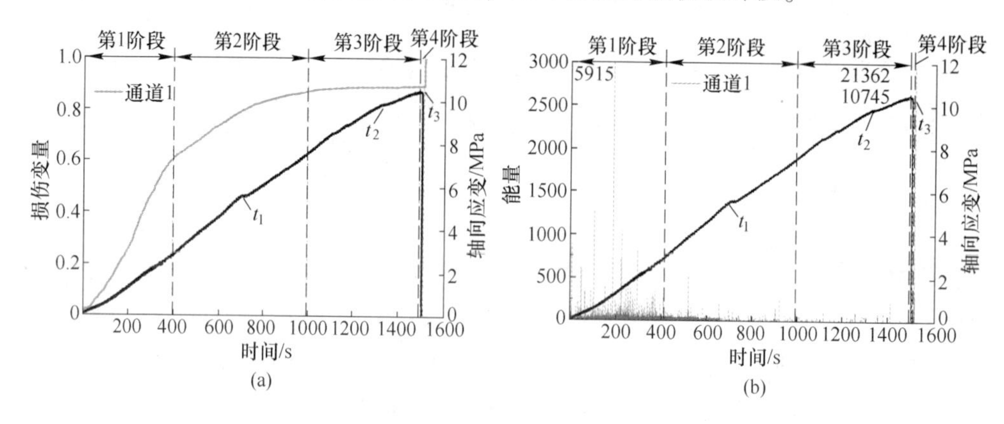


图4.33　3号试件声发射特征

（a）轴向应力-损伤关系曲线；（b）轴向应力-时间-能量关系曲线

在第1阶段中试验材料中的缺陷处损伤变量增大明显，缺陷部分内部不断产生新的裂纹，原有的裂纹发生扩展和贯通；在第2阶段缺陷部分岩体损伤变量达到临界值，构造尖端首先产生裂纹（$t_1$时刻），并伴随缺陷部分岩石碎块弹射，与此同时，完整岩石损伤变量较小，未产生大范围的微裂纹或者微裂隙，造成声发射事件数量减少；在第3阶段加载过程中完整部分吸收大量的弹性能，试件表面出现裂纹扩展（$t_2$时刻）；在第4阶段损伤变量瞬间达到峰值，完整岩体出现贯穿缺陷部分的裂纹，试件发生整体失稳破坏。

由3号试件轴向应力-时间-能量关系曲线（见图4.33(b)），可以清晰看出，在第1阶段内试样连续产生声发射事件，能量监测值最高达到5919，多个时间能量大于1000，结合裂纹传播过程可知该过程试件表面没有产生小宏观裂纹，这表明在试验试样的内部缺陷部分发生破坏，损伤变量达到临界值。在$t_3$时刻试件发生全面损伤破坏，最大声发射事件能量高达21362。

#### 4.2.3.4　构造群试件声发射特征

##### A　单构造试件

根据轴向应力-损伤变量曲线（见图4.34(a)），试件4号可以分为4个阶段：第1阶段为损伤发展段，第2阶段为完整部分应变积累段，第3阶段-损伤快速发展阶段，第4阶段-损伤破坏阶段。

在第1阶段岩石损伤主要发生于构造中，缺陷部分内部持续产生裂纹的扩展；在第2阶段，缺陷部分岩石已接近损伤临界值，在$t_1$时刻构造尖端首先出现拉伸裂纹并沿主应力方向传播，同时完整岩体积累的弹性能在此刻释放造成竖向拉伸裂纹的产生；在第3阶段，缺陷岩体中不断产生新的宏观裂纹而且原有裂纹彼此连接贯通（$t_2$时刻），造成构造整体的失稳错动，构造损伤变量已至临界值；在第4阶段，试件整体损伤变量达到临界值，构造上方岩体首先发生失稳错动，造成试件整体失稳破坏。

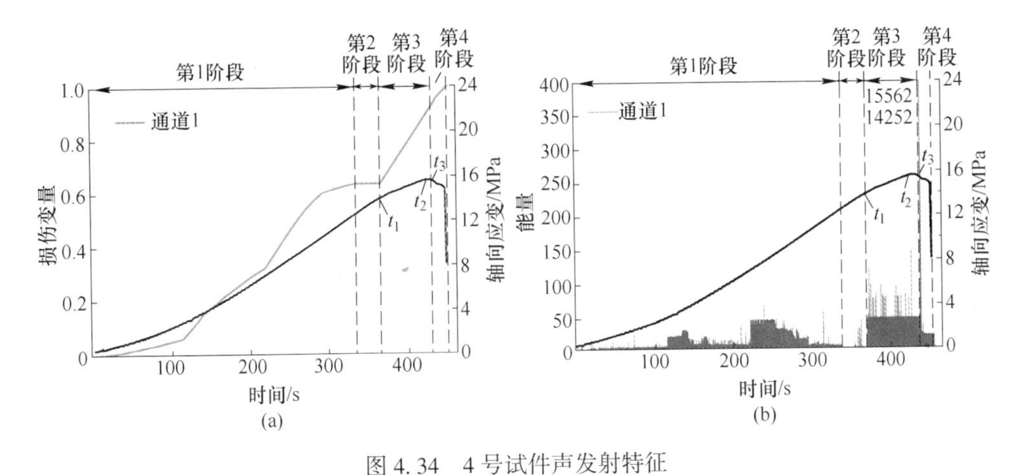


图4.34 4号试件声发射特征

（a）轴向应力-损伤关系曲线；（b）轴向应力-时间-能量关系曲线

图4.34（b）为加载过程中轴向应力-时间-能量关系曲线，可以明显地看出在第1、2阶段仅有能量较低的声发射事件发生，事件能量均小于50。进入第3阶段，试样内部连续产生声发射事件，能量稳定在100左右，说明时间内部大部分区域发生微裂纹扩展。在第4阶段，声发射事件数量密集增大并出现波动变化，在$t_3$时刻，试件完整岩体表面形成裂隙网与构造贯通造成试件失稳，该时刻能量达到15562。

B 双构造试件声发射特征

5号试件由两个小构造组成，相比4号试件构造几何影响区域扩大。由5号试件轴向应力-损伤变量曲线可知，损伤变量变化趋势与4号相似，因此4号损伤破坏过程可以分为相似的4个阶段：损伤发展阶段、完整部分应变积累阶段、损伤快速发展阶段和损伤破坏阶段。受构造数量增加的影响，完整部分应变积累阶段岩体损伤变量发生缓慢增加，说明缺陷部分受尺寸影响内部裂纹持续扩展，造成损伤变量持续增加。同时，随着构造数量的增大，失稳阶段（第3、4阶段）所占比例明显降低，说明随着构造数量的增加，试件整体失稳过程加速。5号试件在加载过程中声发射事件能量变化如图4.35（b）所示，在试件整体失稳前，试样内部声发射事件能量较低。在失稳阶段，试件产生大量宏观裂纹，裂纹贯通试样完整部分和缺陷部分，同时试件能量最高达到14213。

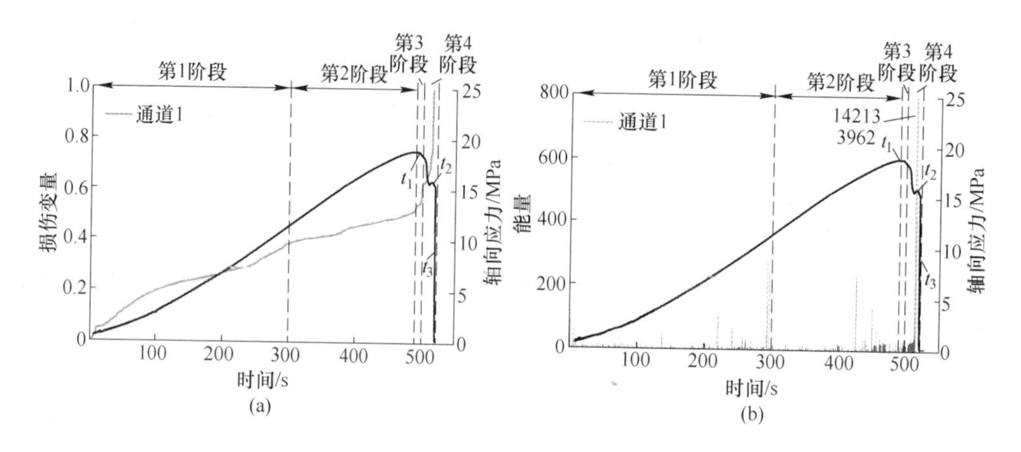


图 4.35　5 号试件声发射特征

（a）轴向应力-损伤关系曲线；（b）轴向应力-时间-能量关系曲线

C　三构造试件声发射特征

图 4.36 为 6 号试件加载过程中轴向应力-损伤关系曲线（见图 4.36(a)）和轴向应力-时间-能量关系曲线（见图 4.36(b)），从图 4.36 中可以看出，含有 3 个小构造的试样在加载过程中损伤变量及声发射特征与 4 号和 5 号试件变化趋势相同。随着构造数量的增大，6 号试件失稳阶段所占比例相比其他试件降低最明显。4 号、5 号和 6 号三组试件在第 4 阶段声发射事件最大能量依次为 15562、14213 和 13477，事件能量逐渐降低，说明随着缺陷尺寸的增加，试件在加载过程中缺陷部分释放的弹性能增多，降低试件完全失稳发生岩爆的可能。

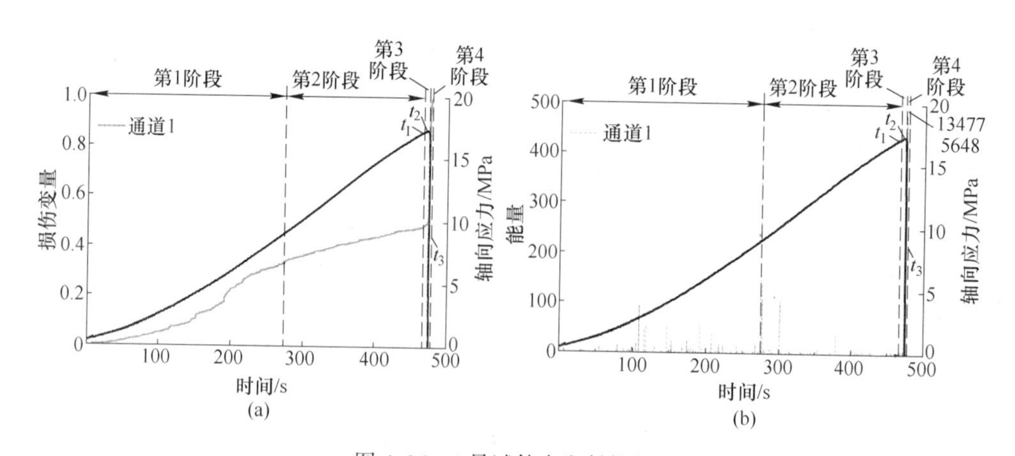


图 4.36　6 号试件声发射特征

（a）轴向应力-损伤关系曲线；（b）轴向应力-时间-能量关系曲线

## 4.3　采场断层协同破坏实例应用分析

由4.2节试验结果可发现缺陷岩体在失稳阶段内部不同区域之间具有协同作用，其中失稳过程中应变释放区的扩展、加速扩展和连接的现象能否在实际地下工程中发现仍需要进行现场的检验以便检验其正确性。由于矿井开采中实现对缺陷结构（断层、褶曲等）的监测较为困难，因此本节尝试利用含断层及采场的相似模型揭示断层的协同失稳过程，研究断层失稳错动引发涌水的过程及触发条件，揭示断层亚失稳阶段协同破坏机制[204]。

### 4.3.1　模拟工程背景及断层失稳模型设计

兖州某开采矿井开采煤层厚度为2m，采深为520m，倾角为1°~2°，采用长臂开采，工作面长度为320m。模拟工作面右侧相邻正断层，断层保护煤柱的宽度为100m。矿井煤层开采过程中工作面靠近断层一侧的顺槽有涌水现象的发生，经实际探测确定涌水形式为断层裂隙涌水。依据该开采矿井实际地质环境设计两组采场模型，即有采场断层模型和无采场断层模型。模型与实际几何相似比为1∶400，应力和强度相似比为1∶600，容重相似比为1∶1.5，采场模型具体几何参数如图4.37所示。

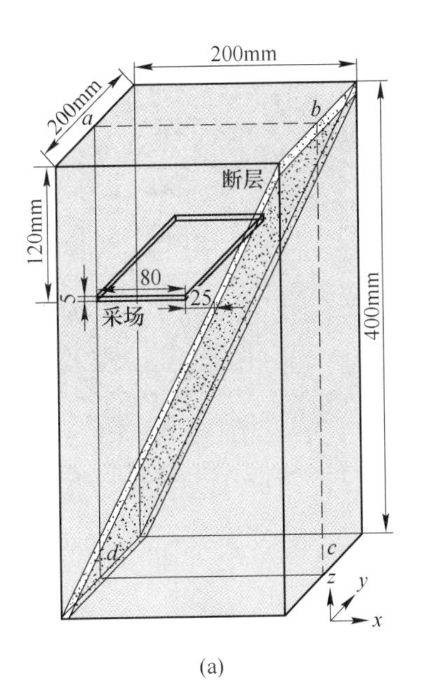

(a)

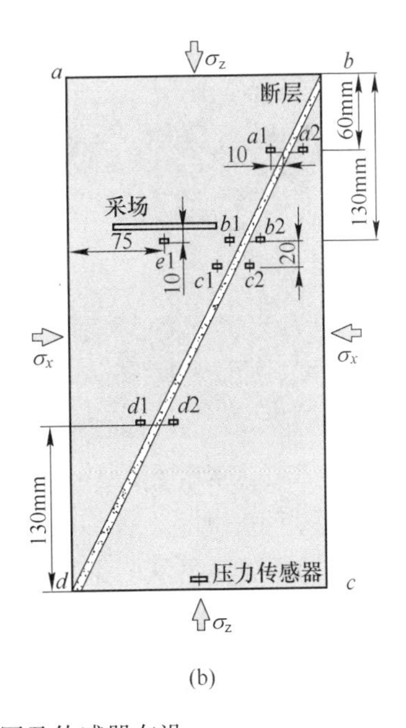

(b)

图4.37　断层模型示意图及传感器布设

（a）模型三维布置图；（b）传感器布置位置图

4.3.1.1　模型制作及传感器铺设

将应力传感器安置于模型内部，然后传统由石膏、混凝土制作的试件难以实现在制作过程中的传感器的布置，因此本节选用了加热后和易性较高的石蜡类相似模拟材料进行制作，其中砂子：石蜡：液压油：碳酸钙：凡士林质量比为15：1：0.7：1.2：1，该相似模拟材料的力学性质见文献[190]、[204]、[212]。如图4.37(a) 所示，应力传感器布置于模型中部 *abcd* 剖面中，剖面中共布置9个应力传感器，其中，*a*1～*d*1 传感器布置于断层上盘，*a*2～*d*2 传感器布置断层下盘，具体几何参数如图4.37(b) 所示。

4.3.1.2　模型加载方案

制作完成的采场断层模型如图4.38所示，模型加载过程如图4.39所示。试验加载系统采用山东科技大学研制的岩石真三轴试验系统[58]，模型试样采用双向加载，具体加载方式为加载开始前 $\sigma_y=0$，即采场倾向方向无约束；随后横向应力加载至 $\sigma_x=10\text{kN}$，加载速率为0.5kN/s，对采场给以恒定的压力进行约束；最后，对轴向 $\sigma_z$ 采用载荷控制方式，加载速度为0.5kN/s，试件彻底破坏时停止试验。采集试验过程中的传感器监测数据及破坏过程中试验机时间-轴向应力实验数据。

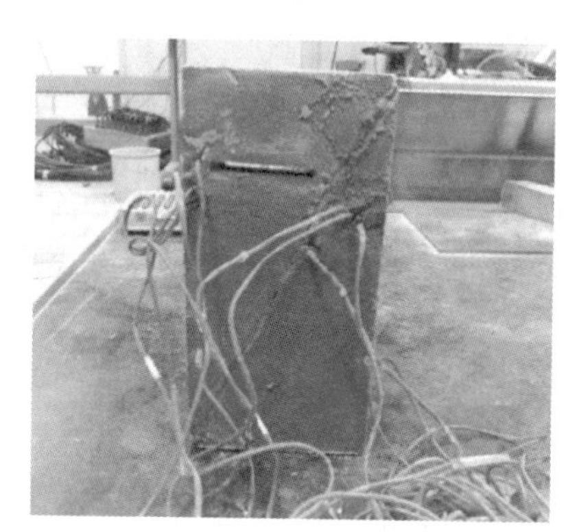

图4.38　采场断层模型

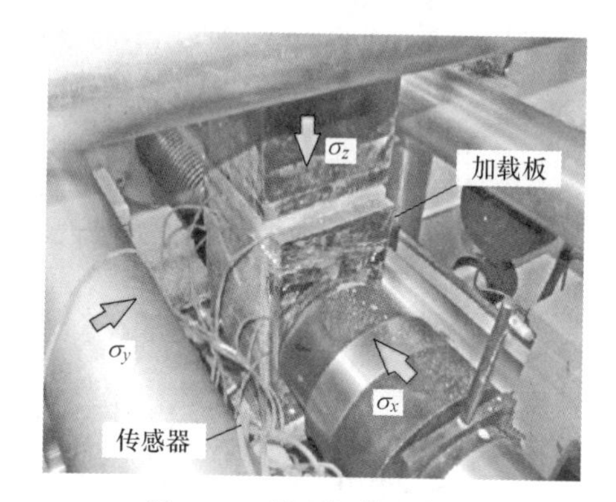


图4.39　模型加载示意图

## 4.3.2　无采场断层模型实验结果分析

图4.40为无采场模型加载破坏过程中试验机轴向应力-时间曲线及传感器监测数据变化趋势图，图4.41为90～130s实验数据特征图。根据试验机轴向应力-时间曲线及传感器监测数据变化趋势，将无采场断层模型失稳过程划分为4个阶段，即Ⅰ——孤点释放阶段；Ⅱ——协同失稳阶段；Ⅲ——加速失稳阶段；Ⅳ——全面失稳

阶段。依据第 3 章实验结果可知，其中Ⅱ、Ⅲ阶段可视为构造活化阶段。

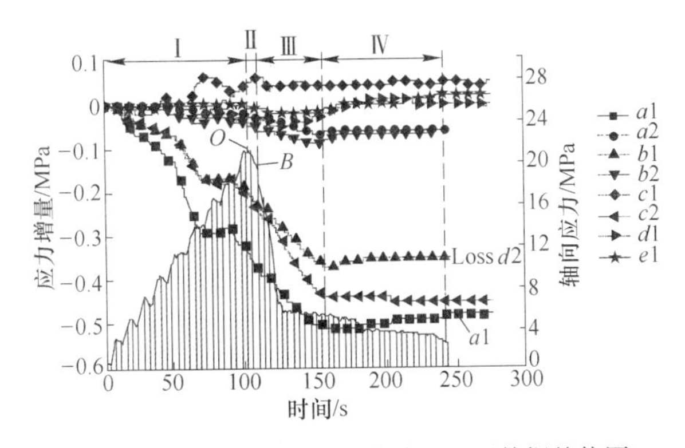


图 4.40 无采场断层模型传感器监测数据趋势图

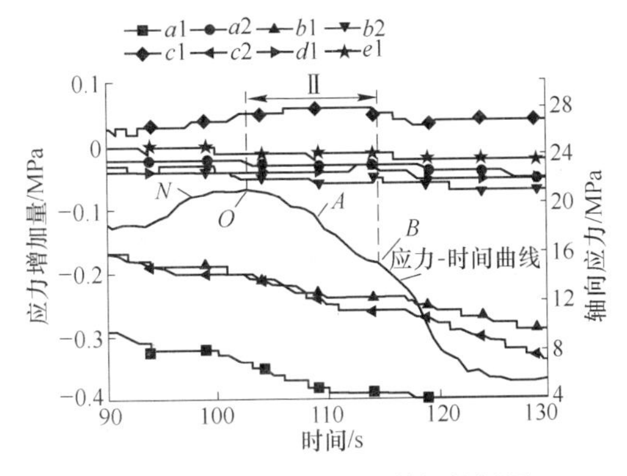


图 4.41 协同失稳阶段数据特征图

在Ⅰ阶段，断层上盘的岩体首先出现卸压现象，然而应力监测数据的变化趋势没有相关性，该现象表明在该阶段内断层附近岩体内应变的释放具有单元化和区域性的特征；在 NO 段内各数据点基本水平未产生波动，该特征与第 3 章室内试验传感器数据变化的趋势相似，断层附近出现局部独立的应变积累和释放，区域分布较小且彼此联系程度较低。

在Ⅱ阶段，*OA* 时间段内部分监测点首次出现相近的变化趋势，比如 *a*1、*a*2、*b*1、*b*2、*c*2、*d*1 和 *e*1 位置处均产生岩石应力的卸载，其中 *a*1、*b*1、*c*2 位置应力变化率相似，*a*2、*b*2、*c*2、*d*1 和 *e*1 位置应力变化率相似，*c*1 点数据以相近变化率递增，因此可以说明断层附近的岩体内部应变积累区和释放区发生了扩展和迁移；进入 *AB* 阶段，试验机应力-时间曲线加速下降，各传感器数据在 *A* 点附近剧烈变化，之后变化逐步稳定，说明该阶段不再产生新的应变释放点，但原有区域应变释放发生相互连接，协同破坏作用开始显现，因此Ⅱ阶段可以看作协同破坏开始的标志。

$B$ 点之后进入第Ⅲ阶段，各传感器数据发生较大速率的卸载，区域岩体内协同作用程度加深，断层附近区域内应变释放点加速扩展并相互连接，大范围的应变释放区随即产生，应变在区域或单元之间传递，引起相邻介质的加速变化，无采场模型随即进入加速协同失稳阶段；进入第Ⅳ阶段，各传感器数据基本稳定，表明模型内部各区域应变保持一致的变化，模型发生整体破坏进入全面失稳阶段。

### 4.3.3　有采场断层模型实验结果分析

图 4.42 为有采场模型加载破坏过程中试验机轴向应力-时间曲线及传感器监测数据变化趋势图，相比无采场断层模型断层附近岩体整体内传感器数据波动剧烈，规律性相对较低。图 4.43 为 50~80s 实验数据特征图。因此可知，在含有断层采场模型中相对的弱段不再看为单一的地质体，而是采场和断层共同作用下的复杂缺陷岩体。采场围岩应力变化不再受断层单一因素影响，而是受采场和断层共同作用影响。由图 4.44 有采场断层模型破坏模式可以看出，在加载扰动影响下断层整体产生失稳错动，并与采场底板裂隙发生贯通，贯通裂隙以最短距离将采场与断层连接，该贯通裂隙成为工作面顺槽涌水的主要通道，因此断层和采场发生协同失稳是一个复杂而多变的过程。

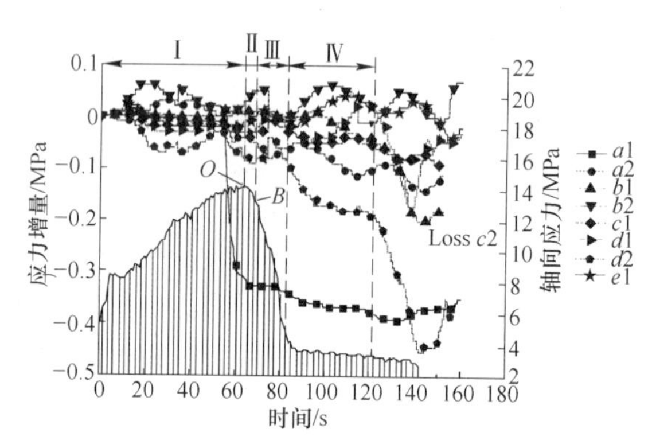


图 4.42　有采场断层模型传感器监测数据趋势

由模型最终破坏形式可知，在Ⅰ阶段 $N$ 点之前，采场上方的岩体首先发生垮落，采场上覆岩体成为应变释放区域。当上覆岩体基本稳定后断层岩体随即发生失稳，造成各传感器应力变化规律性不强；$N$ 点后各监测点数据变化趋势基本一致，试件内部出区域现局部独立的应变积累和释放。在Ⅱ阶段 $OA$ 段，相比于Ⅰ阶段各传感器数据首次出现协同变化趋势，相邻区域内的断层岩体变化趋势基本相近，如 $b1$、$b2$、$c1$、$a1$、$a2$ 和 $d1$、$d2$ 传感器数据变化趋势相似（见图 4.43）；

进入 $AB$ 段后，应力-时间曲线由波动到趋于平稳的变化，说明断层在该阶段产生区域性应变释放，发生协同破坏，然而受采场影响其协同破坏程度相比无采场断层模型较小。在Ⅲ阶段，各监测点应力数据基本保持稳定，同时在该阶段内模型表面产生较大裂隙，采场底板与断层扩张裂隙发生贯通，表明模型内部各位置的应变释放点贯通，模型进入全面协同失稳阶段。

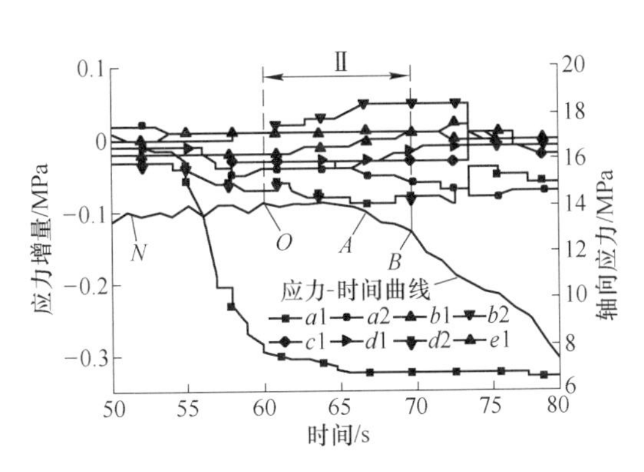


图 4.43　协同失稳阶段数据特征图

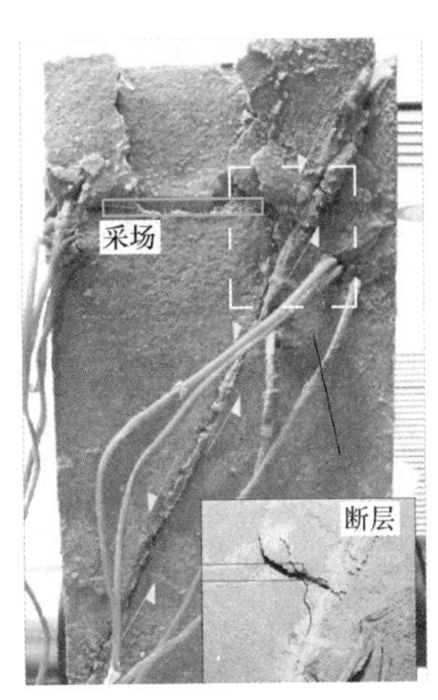


图 4.44　有采场断层模型破坏形式

# 5　裂纹扩展致通水通道形成数值模拟及案例分析

构造失稳过程可以通过室内试验清晰地展现出来，然而在高水压和地应力作用下，含水裂纹的传播过程中裂隙水流特征、应力场和位移场的演化规律难以通过试验手段获取，因此需要开展一系列水压环境下构造失稳模拟。由第3章、第4章室内岩石试验可知，构造在失稳过程中缺陷部分对完整部分存在明显的相互作用，具体宏观体现在裂纹的扩展，然而应用室内岩石试验并不能展现水环境中构造突水裂隙的演化过程，如固流耦合作用下裂纹贯通原有缺陷节理的过程以及该过程中裂纹中水压分布规律、应力场和位移场的变化规律。

因此，为了实现对缺陷岩体失稳过程中裂隙突水耦合过程的模拟，本章利用FRACOD$^{2D}$数值模拟方法研究固流耦合作用下裂纹传播过程，该软件可以有效地简化复杂的计算过程并快速求解，同时可以直观展现裂纹扩展过程水压流量特征和岩石位移场和应力场变化规律，为理论分析和室内试验无法解决的问题提供一种有效的研究手段。

## 5.1　FRACOD$^{2D}$基本理论

### 5.1.1　F准则

岩石中普遍存在的破坏形式为拉伸和剪切破坏。当采用数值模拟软件模拟岩石裂纹的扩展必须考虑Ⅰ型裂纹（拉伸或张开裂纹）、Ⅱ型裂纹（同平面剪切或滑开裂纹）和Ⅰ+Ⅱ混合式裂纹的扩展规律[213]。预测裂缝扩展的主要方法有两种：主应力/应变准则和能量准则。其中，能量准则包括最大应变能量释放率准则（G准则）和最小应变能密度准则（S准则）。然而，原有的G准则和S准则不适用于预测Ⅰ型裂纹和Ⅱ型裂纹的扩展情况。Shen和Stephansson[214]对原有的G准则进行改进和扩展，并称为F准则。F准则在总能量释放率方面考虑拉伸和滑剪裂纹的起裂特征，并基于临界应变能释放率提出了两种裂纹的起裂判据，进而真实地实现对拉伸和滑剪裂纹的模拟。F准则可以按照如下的方法进行表示：

在起裂裂纹的尖端方向（$\theta$），$F(\theta)$ 定义为：

$$F(\theta)=\frac{G_{\mathrm{I}}(\theta)}{G_{\mathrm{I}c}}+\frac{G_{\mathrm{II}}(\theta)}{G_{\mathrm{II}c}} \tag{5.1}$$

式中，$G_{\mathrm{I}c}$ 和 $G_{\mathrm{II}c}$ 分别为Ⅰ型和Ⅱ型裂纹扩展的临界应变能释放率（见图5.1）；

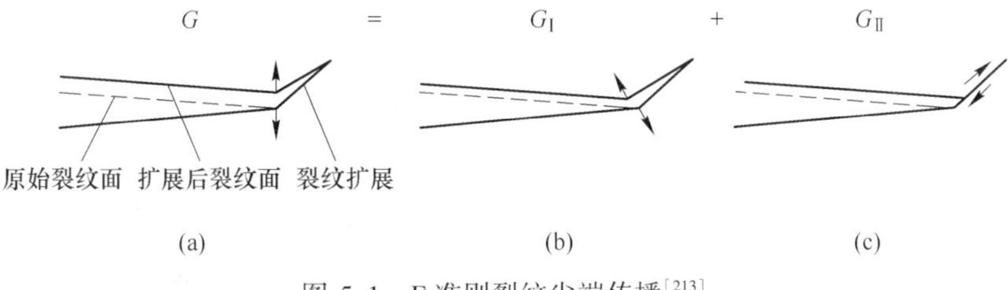


图 5.1 F 准则裂纹尖端传播[213]

(a) 混合型裂纹扩展；(b) 拉伸裂纹扩展；(c) 剪切裂纹扩展

$G_\mathrm{I}(\theta)$ 和 $G_\mathrm{II}(\theta)$ 分别为Ⅰ型和Ⅱ型裂纹扩展在单位长度的应变能释放率。该准则计算裂纹起裂过程分为 3 个步骤：(1) 基于原始裂纹进行应变能的计算；(2) 在裂纹的扩展方向（$\theta$）裂纹扩展单位长度 $\Delta a$，如图 5.2 所示，并且计算该过程中Ⅰ型和Ⅱ型裂纹应变能；(3) 对比裂纹起裂单位长度内前后应变能释放率，进而得到 $G_\mathrm{I}(\theta)$ 和 $G_\mathrm{II}(\theta)$。

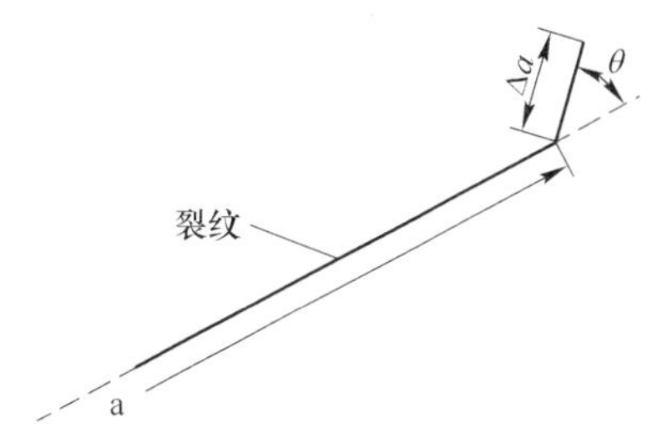


图 5.2 裂纹在 $\theta$ 方向扩展

当 $\theta=\theta_0$ 时，$F(\theta)$ 达到最大值 $F_{\max}$：

$$F(\theta)\big|_{\theta=\theta_0}=F_{\max} \tag{5.2}$$

当 $F_{\max}\geqslant 1$，裂纹在 $\theta_0$ 方向发生扩展。

### 5.1.2 裂纹水力耦合（F-H）

基于现场观测和实验室结果表明，高压水与围岩的相互作用是底板突水的重要影响因素。裂纹水力耦合作用下，含裂隙岩体中的水流和裂隙网络的变化是相互联系的。岩石裂纹充满承压水后会形成新的导水通道，而且在承压水作用下裂纹会发生进一步扩展。为了研究煤矿突水问题，有必要针对裂纹岩体力学相应特征及水力耦合特征开展研究。

在裂隙岩体中裂纹水力耦合模拟（F-H）方面一般有两种基本的模拟方法：一种是间接模拟方法，另一种是直接模拟方法。所谓的间接模拟方法指流体流动方程（如达西定律）与岩石介质的力学方程一起求解[215]；然而，在间接模拟方法中流体的流动和岩石力学机制均是用时间推进迭代过程来模拟的。在 FRACOD 模拟软件中 F-H 耦合采用直接模拟方法，它采用内嵌迭代的位移不连续方法（DD）模拟岩石的变形及裂纹的扩展。同时，F-H 耦合使用立方定律结合迭代方程来模拟裂缝中的流体流动过程。相比间接模拟方法，这种模拟手段中裂隙岩体及流体流动的数学计算将会非常简单，同时允许模型采用复杂的边界条件和加载条件，但是它往往需要较长的计算时间去计算流体的流动过程。

#### 5.1.2.1　流体流动模拟

一般来说，矿井水涌入工作面可以分为两种方式：（1）矿井水由突水通道涌入工作区域；（2）矿井水从裂隙通道透过完整岩石渗入工作区域。本节考虑两方面因素分析承压水在岩石裂隙中的流动和在完整岩体中的渗透。

在使用 DD 方法的机械模拟中，裂纹被划分为若干个 DD 元件，如图 5.3 所示。在流体流动计算中，每个 DD 元件被认为是一个液压区域，相邻的液压区域相互连接。流体可以根据两个区域之间的水压差从一个区域流动到另一个区域。$Q_{ij}$为从区域 $i$ 至区域 $j$ 中流体流量，$Q_{ir}$为从区域 $i$ 至完整岩石的流体流量。

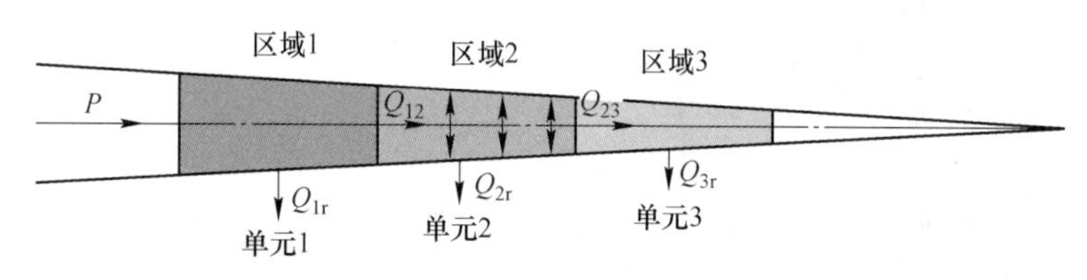


图 5.3　流体流动模拟及区域划分

#### 5.1.2.2　迭代方法

图 5.4 为 F-H 耦合过程示意图，其迭代过程可描述为如下步骤：

步骤 1：流体流动产生于裂纹区域之间以及裂纹区域及完整岩石之间。利用立方定律计算裂隙区域之间的水流，即利用式（5.3）计算两个相邻区域之间的流量：

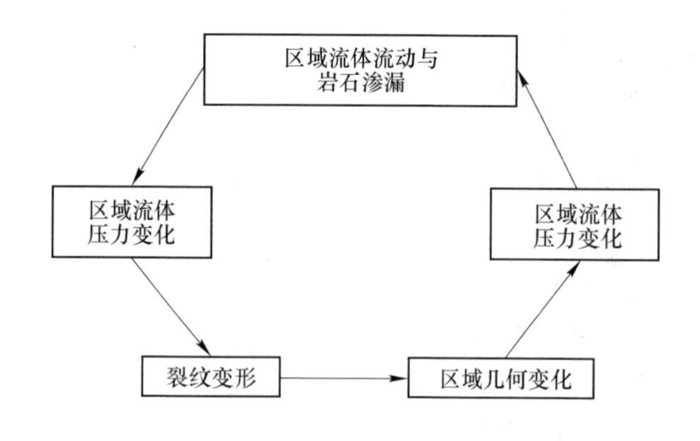


图 5.4　F-H 耦合过程

$$Q = \frac{e^3}{12\mu} \frac{\Delta P}{l} \tag{5.3}$$

式中，$e$ 为裂纹宽度；$l$ 为区域单元长度；$\Delta P$ 为相邻单元之间压力差；$\mu$ 为流体流速。

在坚硬岩石中，承压水在完整岩石之间的渗透率远小于其在裂隙中的流动。为了简化计算，采用简单的方法研究流体的渗透过程。由于受完整岩体模拟裂纹厚度的限制，假定裂纹封闭，同时在裂纹面边界上存在恒定的流体压力（即初始流体压力）。模拟裂纹层的厚度代表了“有效”渗透距离。在实际地质环境下，“有效”渗透距离会随着时间和位置的变化而改变，但是为了简化计算假定“有效”渗透距离是固定的。通过上述假设和简化，利用方程（5.4）计算裂隙流体与完整围岩之间的流量。

$$Q_{\text{leak}} = \frac{k}{\mu} \frac{P - P_0}{d} \tag{5.4}$$

式中，$k$ 为岩体渗透率；$d$ 为有效渗透距离；$P$ 为区域流体水压力；$P_0$ 为初始孔隙压力。

步骤 2：裂隙中流体的流动导致水压的变化，在一段时间 $\Delta t$ 后，区域内流体体积因流体的流入或流出发生改变，进而造成区域内压力的改变。利用方程 5.5 计算区域内流体压力：

$$P(t + \Delta t) = P_0 + K_w Q \frac{\Delta t}{V} - K_w Q_{\text{leak}} \frac{\Delta t}{V} \tag{5.5}$$

式中，$K_w$ 为流体体积模量；$V$ 为区域体积；$\Delta t$ 为时间间隔。

步骤 3：裂隙水压的变化引起裂纹的扩展。利用 DD 方法计算裂纹的扩展，裂纹单元水压为裂纹面边界压力。基于裂纹单元水压力变化特征，方程（5.6）给出了计算裂纹单元的位移不连续变化方程组：

$$\begin{cases} (\overset{i}{\sigma}_s)_0 = \sum\limits_{j=1}^{N} \overset{ij}{A}_{ss} \overset{i}{D}_s + \sum\limits_{j=1}^{N} \overset{ij}{A}_{sn} \overset{i}{D}_n - K_s \overset{i}{D}_s \\ (\overset{i}{\sigma}_n)_0 + P(t + \Delta t) - P_0 = \sum\limits_{j=1}^{N} \overset{ij}{A}_{ns} \overset{i}{D}_s + \sum\limits_{j=1}^{N} \overset{ij}{A}_{nn} \overset{i}{D}_n - K_n \overset{i}{D}_n \end{cases} \tag{5.6}$$

式中，$(\sigma_s)_0$，$(\sigma_n)_0$ 为裂隙单元的切向和正向应力；$D_s$，$D_n$ 为裂隙单元剪切和垂直方向上的不连续位移；$A_{ss}$，$A_{sn}$，$A_{ns}$，$A_{nn}$ 为裂隙单元影响系数；$K_s$，$K_n$ 为裂纹切向和法向刚度。

步骤 4：裂纹的扩展导致区域单元体积的变化并且导致单元流体压力的变化，采用式（5.7）实现对裂纹扩展后裂隙单元流体压力的计算。

$$P'(t + \Delta t) = P(t + \Delta t) - K_w \frac{\Delta e \cdot l}{V} \tag{5.7}$$

式中，$P(t+\Delta t)$ 为裂纹扩展前裂隙单元流体压力；$P'(t+\Delta t)$ 为裂纹扩展后裂隙单元流体压力；$\Delta e$ 为裂纹宽度的变化量。

然后在新裂隙单元中重新计算步骤1中的流体速度，重复步骤1~4直到裂纹扩展达到稳定状态。

## 5.2　耦合状态裂纹传播及流体流动过程模拟

### 5.2.1　模拟参数确定及方案设计

#### 5.2.1.1　岩石、流体和裂纹模拟参数确定

数值模拟中岩石泊松比为0.25，弹性模量为37.5GPa，内摩擦角为33°，内聚力为33MPa，抗拉强度为2MPa，岩石孔隙水压力系数为$1.0\times10^{6}$Pa，岩石孔隙率为0.1，完整岩石水力传导率为$1.0\times10^{-19}$m/s，岩石Ⅰ型断裂韧度$K_{Ic}=1.5\times10^{6}Pa\cdot m^{1/2}$，岩石Ⅱ型断裂韧度$K_{IIc}=3.0\times10^{6}Pa\cdot m^{1/2}$。模拟流体体积模量为2.0GPa，黏度为$1.0\times10^{-3}$ Pa · s，密度为1000kg/m$^{3}$。裂纹传播过程中裂纹切向刚度为$1.0\times10^{12}$Pa/s，裂纹法向刚度为$1.0\times10^{12}$Pa/s，原始裂纹宽度为$1.0\times10^{-5}$m。

#### 5.2.1.2　模拟方案设计

A　方案一：原生裂纹流体流动特征模拟

本方案模拟原生裂纹中承压水流动过程，该模型相对简单，由两个钻孔和一条裂纹组成，其中一个钻孔内设置6MPa承压水入口，另一个钻孔设置为出口，水压为0。两钻孔直径为1m，间距为10m，裂纹初始宽度为10μm。原生裂纹设置为监测线，用以监测不同时刻水压和流量变化特征。方案一数值模拟模型如图5.5所示。

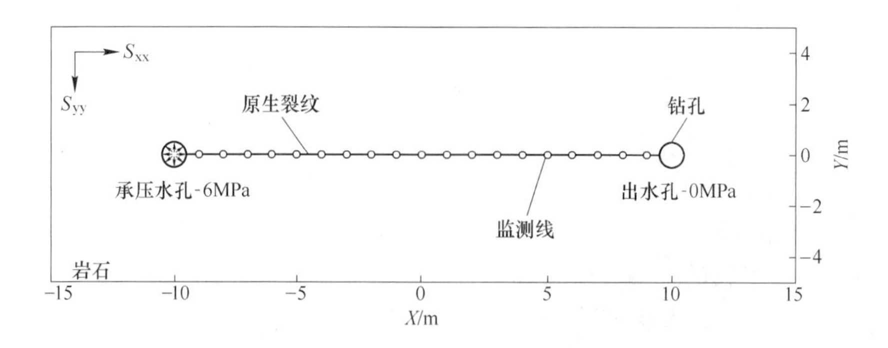


图5.5　方案一数值模拟模型

B 方案二：地应力环境下缺陷岩体裂纹网流体流动路径模拟

煤矿实际开采地质环境中，围岩往往存在大范围的节理裂隙，在一定空间范围内大量集中的节理裂隙对煤矿开采造成严重威胁，因此研究流体在裂隙网中的流动路径分布特征，对研究矿井突水通道的形成路径及探究水害防治具有重要作用。本方案模拟了地应力环境下缺陷岩体裂纹网流体流动，方案由一个6MPa进水口、出水口和裂纹网构造，如图5.6所示。钻孔直径为1m，埋深为600m，垂直压力为20MPa，测压系数为1。裂纹初始宽度为10μm，并在方案中部裂纹中设置3个监测点，监测流体流动过程中不同路径水压和流量变化特征。值得注意的是，该模拟条件保证了在流体流动过程中裂纹网不会在地应力作用下产生闭合。

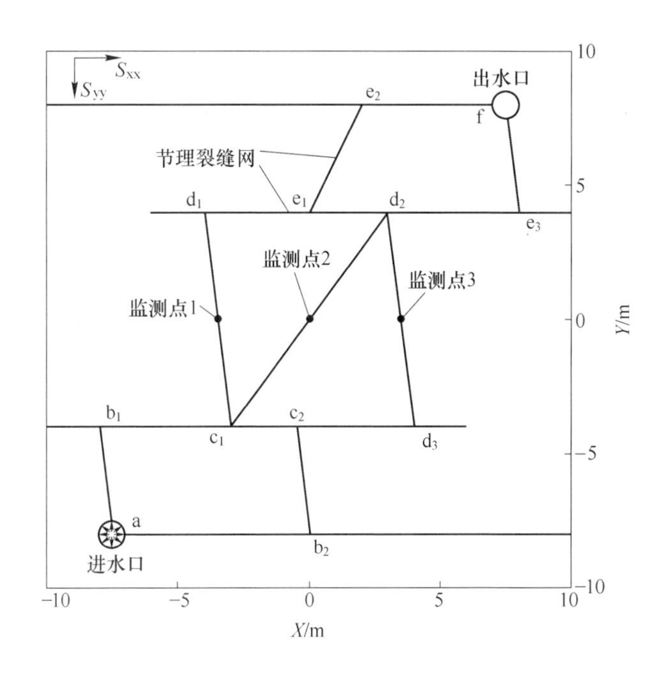


图5.6 方案二数值模拟模型

C 方案三：矿压水压共同作用突水裂纹扩展贯通模拟

实际地质开采环境中广泛存在岩石节理，受矿井开采的影响，围岩应力重新分布，导致岩体中产生新的裂纹，因此探究固流耦合作用下裂纹在节理岩体中的起裂规律成为突水通道形成的关键。本方案设计目的是为了探究裂纹在节理岩体中的传播过程，模型使用中心点对称，中部设置一个出水孔（直径为0.1m），水压为6MPa，如图5.7所示。所处地应力环境 $S_{xx}=1\text{MPa}$，$S_{yy}=1\text{MPa}$；出水口设计尺寸较小的预制起裂裂纹，裂纹在矿压和水压共同作用下发生起裂；裂纹传播路径交叉分布三个节理，节理与水平夹角为45°，裂纹初始宽度为10μm。

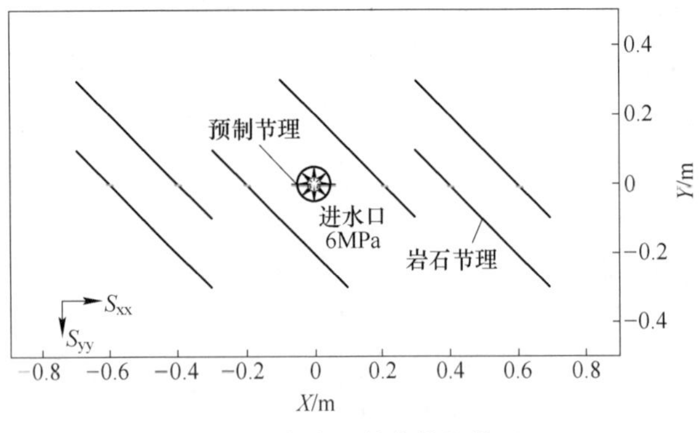


图 5.7　方案三数值模拟模型

### 5.2.2　原生裂纹流体流动特征模拟

图 5.8 为不同时刻原生裂纹内水压动态分布规律，图 5.8（a）~（c）分别为 0.2s、0.5s 和 1.5s 时间段内流体由进水口通过裂纹流入出水口水压分布状况，

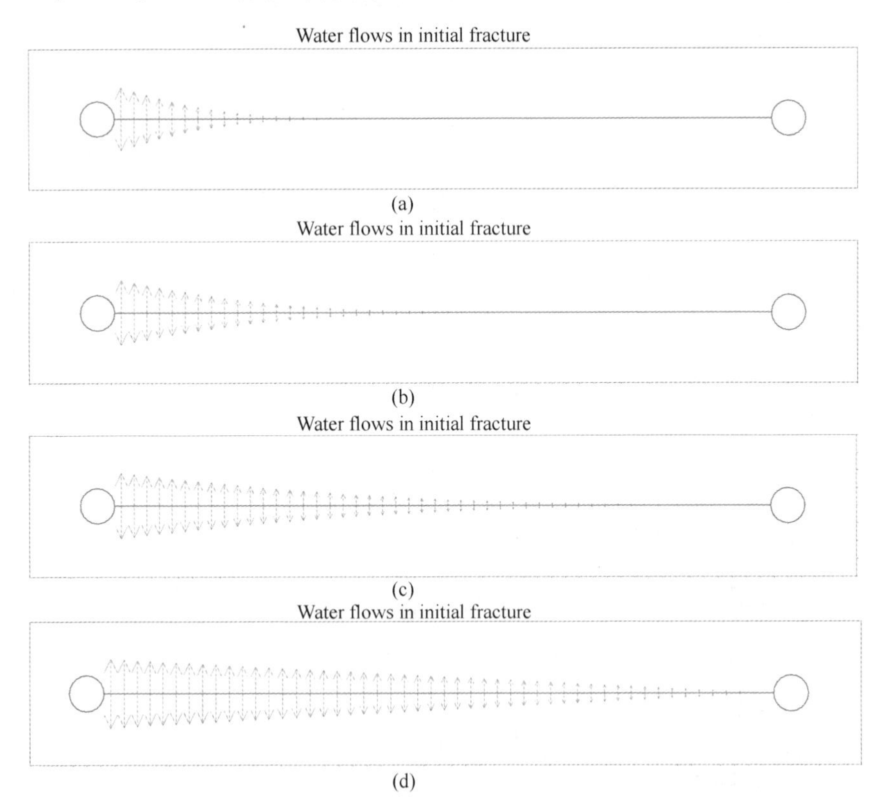


图 5.8　原生裂纹不同时刻水压分布特征

（a）0.2s；（b）0.5s；（c）1.5s；（d）10s

受两孔之间的水压差（6MPa）的影响，流体向出水孔方向流动，0.2s 时刻流体流动距离大约为 9m，0.5s 达到 14m，1.5s 后达到 16m，可知 1.5s 之前沿裂纹方向水压呈非线性分布。

图 5.8（d）为 10s 水压分布情况，此时流体的流动已达到稳定的状态，沿裂纹方向水压呈线性分布。

图 5.9 为不同时刻裂纹内流体水压水流量变化趋势图，由图 5.9（a）可知，裂纹水流达到稳定之前（0.2s、0.5s 和 1.5s）裂纹内水压呈非线性分布，达到稳定状态后裂纹内水压呈线性分布。由时间-水流量曲线变化规律可以看出，流体流动稳定后，裂纹内部各处水流量保持一致（10s）；在稳定状态之前，靠近高水压一侧水流量相比其他区域较大，随着距进水口距离的增大，水流量逐渐降低。裂纹内水流量分布如图 5.10 所示，图中箭头的大小表示水流量的大小，箭头方向表示水流动方向，可以看出流体在岩体裂纹中的流动方向与裂纹切向一致。

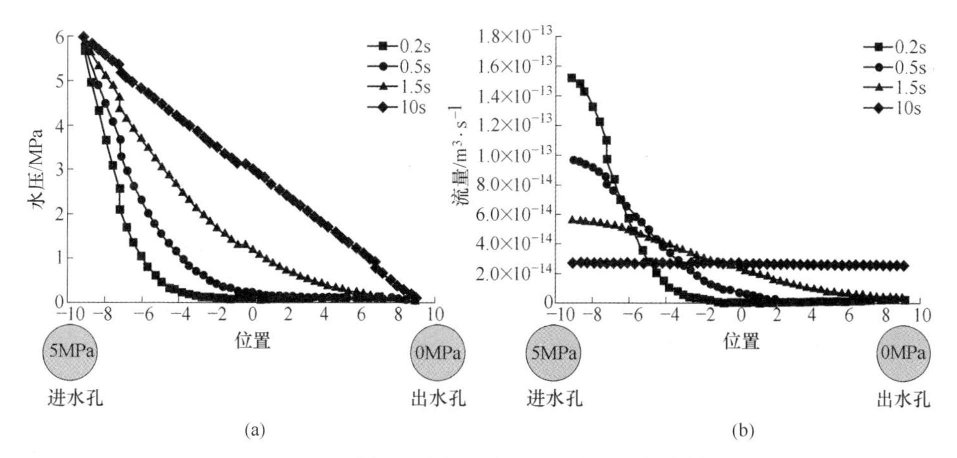


图 5.9 裂纹内不同时刻水压水流量变化曲线

（a）时间-水压曲线；（b）时间-水流量曲线

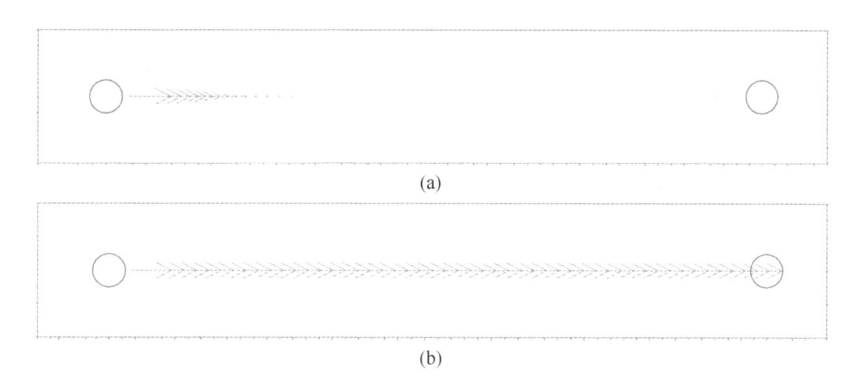


图 5.10 原生裂纹不同时刻流量分布特征

（a）0.1s；（b）10s

### 5.2.3　缺陷岩体裂纹网流体流动路径模拟

#### 5.2.3.1　裂纹网水压和流量分布特征

方案二模拟了地应力环境下缺陷岩体裂纹网中流体流动特征，属于 F-H 耦合模拟的范畴，裂纹受流体的影响发生扩张，扩张后的裂纹引发流体水压和流量的变化，进而在不同时间不同路径流体表现出不同的流动特征。

图 5.11 为流体初始状态 2s（见图 5.11(a)）和稳定后 40s（见图 5.11(b)）的裂纹网内水压分布特征，可以清晰地看出在模拟初始阶段，靠近进水口处裂纹水压高于其他区域，水压非线性分布于裂纹内部；流体流动稳定后，裂纹网内均充斥承压水，相比 2s 时刻，在水压的驱动下，流体逐步向出水口处流动。图 5.12 为对应时刻裂纹网内流量分布特征，在模拟初始阶段（见图 5.12(a)）仅在进水口附近裂纹中有少量流体流动，流量普遍较小（模拟箭头方向表示流体流动方向，箭头大小表示流量大小）；模拟稳定后（见图 5.12(b)），在进水口和出水口连通路径中均有流体流动，同时平行于两口连线方向的中部裂纹内流体箭头大于相同位置处其他裂纹，说明该处的流量较大。

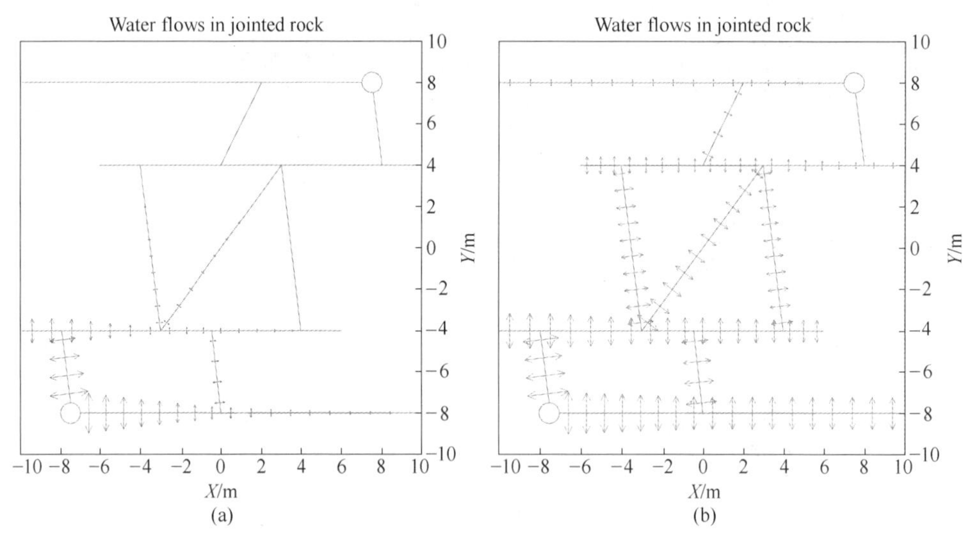


图 5.11　裂纹网不同时刻水压分布特征
(a) 2s；(b) 40s

#### 5.2.3.2　不同路径流体流动规律

方案二在模拟过程中设计 3 个监测点，用以监测裂纹中水压和水流的变化，

3个监测点位置详见方案二模拟示意图（见图5.13）。由于3个监测点位于不同裂纹中，随流体流动时间的增加，监测点1~3内的水压均逐渐增大并保持稳定，如图5.13（a）不同时间水压变化曲线所示，监测点1~3流量变化有着相同的变化趋势，如图5.13（b）所示，30s后裂纹流量基本稳定不再发生改变。流体稳定后，监测点1水压最大，监测点3水压最小；监测点2流量最大，监测点3流量最小。

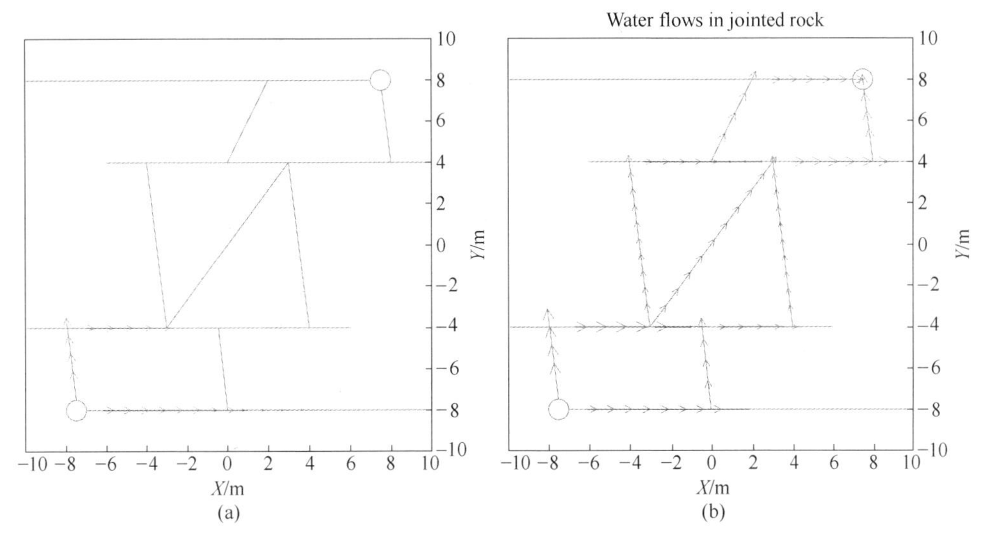


图5.12 裂纹网不同时刻流量分布特征

（a）2s；（b）40s

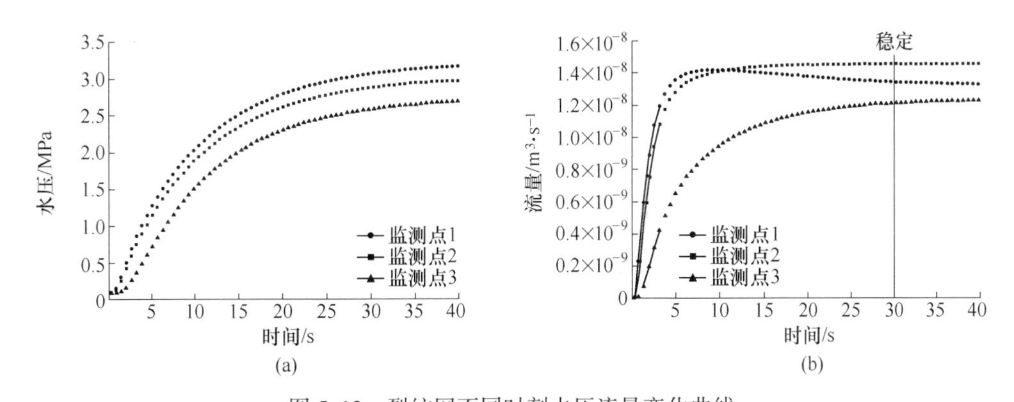


图5.13 裂纹网不同时刻水压流量变化曲线

（a）不同监测点水压变化曲线；（b）不同监测点流量变化曲线

针对不同路径条件下裂纹内流体流动特征的模拟，本节选取3条典型的路径进行分析，3条典型路径如图5.14所示：（1）路径1为$a \to b_1 \to c_1 \to d_1 \to e_1 \to e_2 \to f$，路径全长 30m，包含监测点 1；（2）路径 2 为 a→$b_1$→$c_1$→$d_2$→$e_3$→f，路径全长 27m，包含监测点 2；（3）路径 3 为 a→$b_2$→$c_2$→$d_3$→$d_2$→$e_3$→f，路径全长 32m，包含监测点 3。值得注意的是流体在裂纹网中的流动存在其他多个路径，但路径的长度基本一致，因此选用 3 个典型路径进行分析。

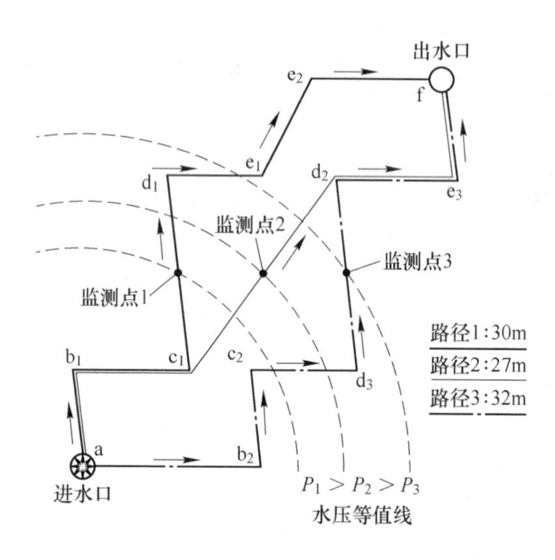


图 5.14　稳定状态下裂纹网流体流动特征

结合图 5.13（a）裂纹网不同时刻水压变化曲线可以看出，当测压系数为 1 时，稳定状态下 3 个监测点水压的分布特征：监测点 1>监测点 2>监测点 3，因此可知裂纹网中水压具有等值线分布特征（见图 5.14 虚线），即以进水口为圆心，半径越大水压越低。

由监测点流量变化曲线（见图 5.13(b)）和裂纹网不同时刻流量分布特征（见图 5.12(b) 流量箭头分布）可知，当测压系数为 1 时，稳定状态下 3 个监测点流量的分布特征：监测点 2>监测点 1>监测点 3，因此路径 2(27m) 中的水流量最大，路径 3(32m) 最小，即当测压系数为 1 时，流体在裂纹网的流动，流体流动过程中路径越短，流量越大，相对进出口距离最近的裂纹成为突水主通道。该模拟结果同样验证了第 2 章原生通道导通型和隐伏构造滑剪型突水判据的正确性。

值得注意是在应力比为 1 的地应力环境中，本方案中节理网中的裂纹没有发生闭合的现象，为此各裂纹中均有部分的水体流动；然而，在某些地应力环境下，如应力比为 0.5 时，方案中部分竖直裂纹发生闭合导致流体无法在裂纹中流动，这种条件下需要将闭合裂纹去除后分析流体流动特征。因此，本方案得到的模拟结果仅能表征部分地应力环境下节理网内流体流动特征。

### 5.2.4 含水裂纹起裂-扩展-贯通模拟

#### 5.2.4.1 裂纹起裂、扩展和贯通

图 5.15 为模拟 10s、30s 和 60s 过程中矿压和水压的共同作用下裂纹的起裂、扩展和贯穿过程，图中加粗的裂纹内部充斥高压水。从图 5.15 中可以清晰地看出，由于孔内水压大于围岩地应力，裂纹在水压的驱使下向预制节理方向扩展，如图 5.15（a）所示，裂纹扩展过程中裂隙水压在扩展方向上出现降低的趋势，

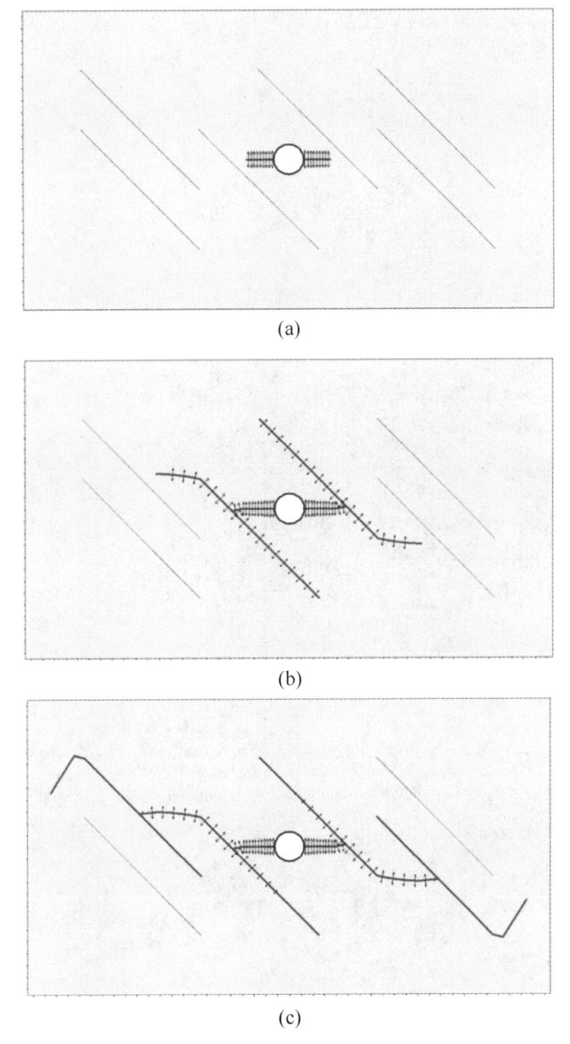

(a)

(b)

(c)

图 5.15 含水裂纹起裂、扩展和贯通过程

（a）10s；（b）30s；（c）60s

箭头的方向表示水压力作用方向，箭头的大小表示水压值的大小。当裂纹与预制节理贯通，预制节理内部随即充斥高压水，如图 5.15（b）所示，在水压的作用下预制节理上端部发生扩展，裂纹沿水平方向向下一个岩石节理扩展。60s 后裂纹贯通两个预制节理，如图 5.15（c）所示，预制节理向扩展范围内最小主应力方向传播。

#### 5.2.4.2　应力场分布特征

固流耦合作用下裂纹的扩展受矿压和水压的共同影响，围岩的应力场分布同样受裂纹（节理）的扩展影响。模型裂纹起裂 10s 围岩主应力分布特征如图 5.16（a）所示，钻孔卸压影响导致最大拉伸主应力产生于钻孔围岩附近，最大

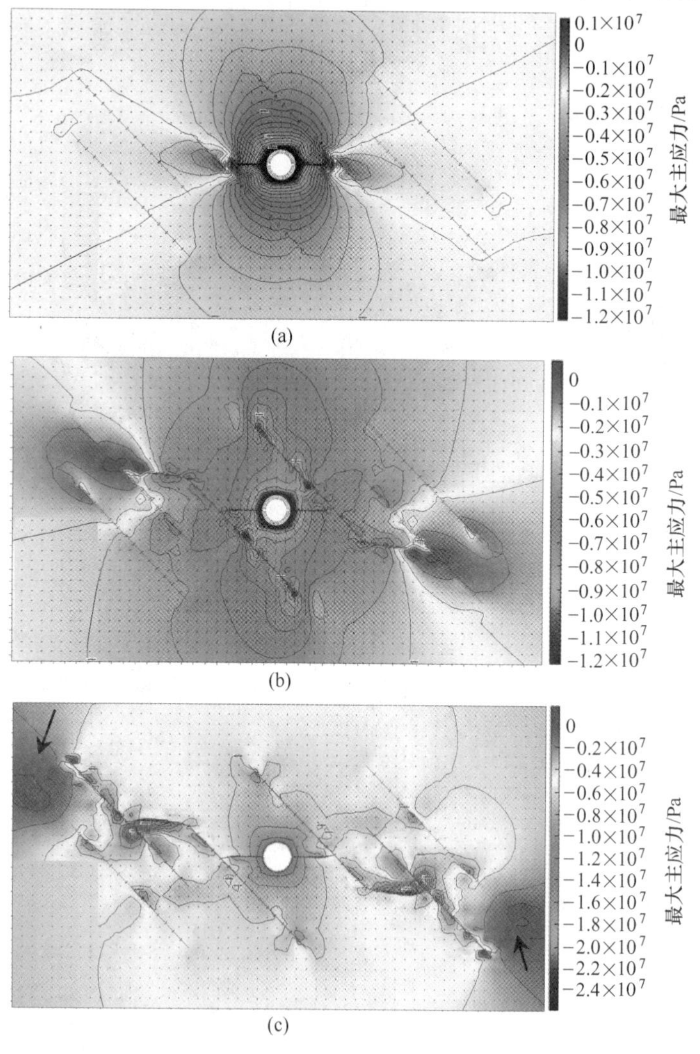


图 5.16　裂纹扩展应力场分布特征

（a）10s；（b）30s；（c）60s

主应力为 12MPa；受裂纹传播的影响，最大拉应力（1.2MPa）产生于裂纹传播端部，分布于裂纹传播方向，促使裂纹向前传播。模型计算 30s 后（见图 5.16(b)），最大拉伸应力不仅产生于孔附近围岩，同时钻孔上下方向贯通后的预制节理产生拉伸破坏；贯通后的预制节理发生进一步扩展，裂纹扩展方向应力集中区域与预制节理连接，最大集中压应力达 0.8MPa。模型计算 60s 后，最大主应力位于裂纹扩展区域，如图 5.16（c）箭头所示，最大主应力为 26MPa，说明裂纹扩展释放了围岩集中应力，造成应力重新分布。

#### 5.2.4.3 位移场分布特征

图 5.17 为裂纹扩展过程中 10s、30s 和 60s 总位移场分布图，计算 10s 最大

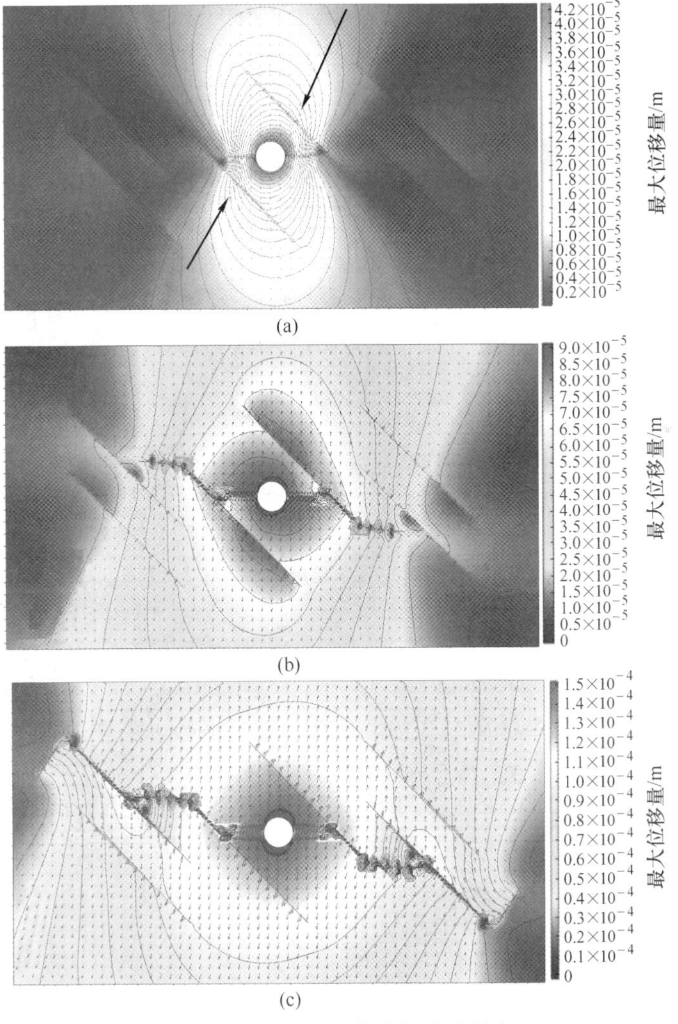


图 5.17 裂纹扩展位移场分布特征

（a）10s；（b）30s；（c）60s

总位移量为 5.6×10$^{-6}$m，钻孔围岩位移场分布偏向预制节理方向；随着裂纹扩展 30s，最大位移量为 1.5×10$^{-4}$m，预制裂纹产生明显的法向和切向位移；裂纹扩展 60s 后最大位移为 1.5×10$^{-4}$m，这与扩展 10s 最大位移量相同，说明节理岩体 10s 之后形变量基本保持稳定。

## 5.3 煤矿开采构造突水数值模拟分析

### 5.3.1 突水矿井水文地质条件

#### 5.3.1.1 *矿井突水背景*

骆驼山煤矿位于内蒙古自治区乌海市，原设计生产能力为 150 万吨/年。矿井巷道包括两个斜井和一个竖井（主斜井、副斜井和竖直通风井），矿井有两个开采水平（+870m，+920m）。

2010 年 3 月 1 日，骆驼山煤矿 16 号煤+870m 水平回风大巷掘进工作面发生突水事故[148,149]。3 月 1 日下午 5 点 50 分，16 煤层回风大巷首先出现突水征兆，在掌子面和巷道底板处出现涌水现象。大约 90min 后，矿井突水急剧增加并伴随着巨大的噪音，平均涌水量达到 65000m$^3$/h，突水总量达到 75000m$^3$。由于最大涌水量远大于矿井的排水能力，矿井被淹，77 人被困井下，突水稳定后地下水位上升到+1093m，如图 5.18 所示。这场突水事故最终导致 32 人丧生，直接经济损失高达 4853 万元人民币（750 万美元）。

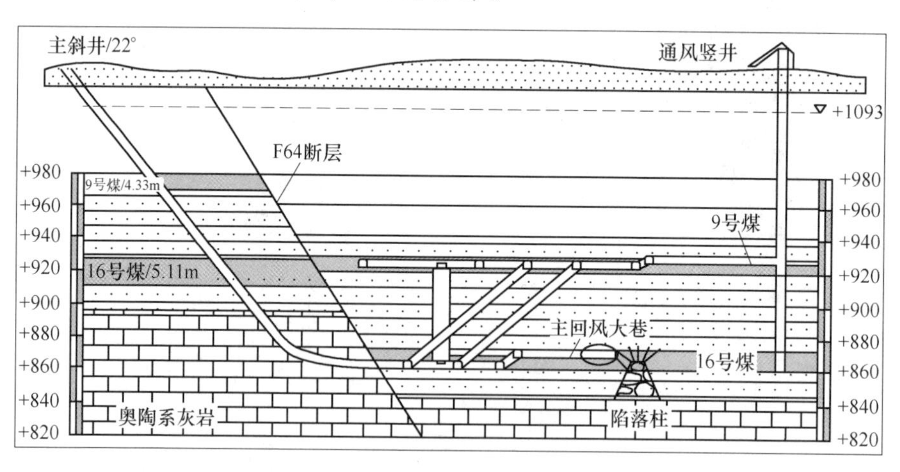


图 5.18　骆驼山煤矿突水位置剖面图

#### 5.3.1.2 *矿井水文地质条件分析*

骆驼山煤矿地层自下而上为奥陶系（厚度大于 200m）、石炭纪（86m）、二叠纪（103m）、三叠纪（211m）和第四纪（6m）系统。主采煤层为 9 号煤层和 16 号煤层，9 号煤层平均开采厚度为 4.33m，16 号煤层平均开采厚度为 5.11m。骆驼山矿区地下水系统包括 3 部分：第四纪孔隙含水层、砂岩裂隙含水层和奥陶系喀斯特石灰岩含水层。骆驼山矿井地层构造见表 5.1。

**表 5.1 骆驼山矿井地层构造**

| 地层年代 | | 地层厚度/m | 煤岩层柱状 | 开采煤层 | 含水层名称 |
|---|---|---|---|---|---|
| 系 | 符号 | | | | |
| 第四系 | Q | 6.00 | | | 松散含水层 |
| 三叠系 | T | 211.00 | | | 砂岩裂隙含水层 |
| 二叠系 | P | 103.00 | | No.9 | |
| 石炭系 | C | 86.00 | | No.16 | |
| 奥陶系 | O | >200 | | | 灰岩岩溶含水层 |

根据骆驼山突水事故发生后水文地质补充勘探资料[149]，通过对石灰岩含水层抽水试验可知：含水层厚度在 20.04～22.62m 之间，平均值为 23.33m，地下水位标高为 1259.21～1269.49m，平均值为 1264.35m；含水层渗透系数为 1.62～2.05mm/d，涌水量为 0.0291～0.031L/s，单位涌水量为 0.000481～0.000512L/s，含水层压在 4MPa 左右。因此，含水层的富水性相对较弱，喀斯特裂隙发育不充分，透水性和导水性较差，地下水补给条件差，水文地质边界条件简单，16 号煤主回风大巷突水事故发生的位置距离奥陶系 33m。

### 5.3.1.3 突水陷落柱和地层特征

陷落柱一般分布在石灰岩地层中，由地下水进行长期溶蚀形成的[23]。由于地下水的不断溶蚀导致洞穴越来越大，同时在构造应力和上部覆盖岩层重力影响下，溶洞发生坍塌，覆盖在上部的煤系地层也随之陷落，形成界面为椭圆或圆形的陷落柱。

根据骆驼山突水事故发生后水文地质补充勘探资料[149]，突水陷落柱空间分布形态详见陷落柱推测平面图（见图 5.19(a)）、剖面图（见图 5.19(b)）。其中，$Z_1$、$Z_2$、$Z_3$ 为地质钻孔，$Z_{1-1}$、$Z_{2-1}$、$Z_{3-1}$ 为补充地质钻孔，$T_1$ 为陷落柱勘探钻孔。在突水点附近施工的地质钻孔 $T_1$，则突水点附近钻孔揭露的地层结构见表 5.2。

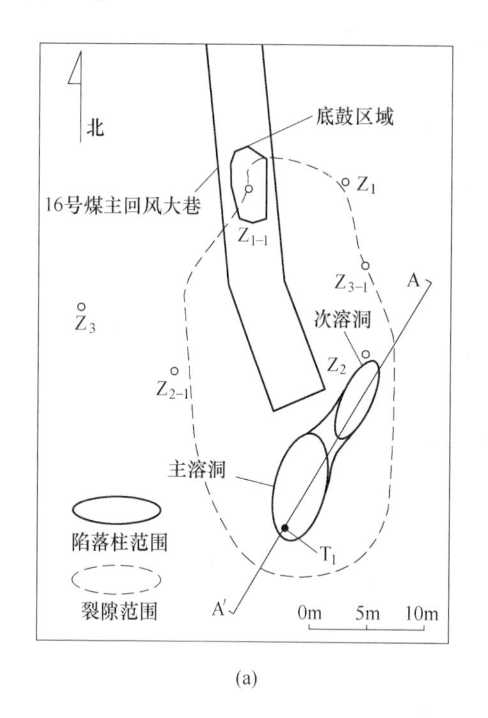


(a)

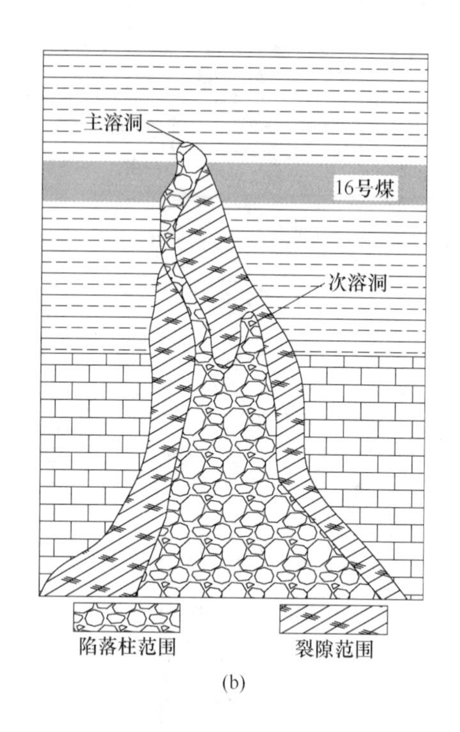


(b)

图 5.19　陷落柱推测平面图和剖面图[149]
（a）平面图；（b）剖面图

16 号煤层主回风巷道布置在 16 号煤层上方，其巷道顶部接近直接顶，巷道支护后的净宽度为 5m，净高度为 3.56m，高宽比为 0.712，巷道截面积为 $178m^2$。掘进工作面初始开挖宽度和开挖高度分别为 5.22m 和 3.66 m，断面面积为 $19m^2$。根据地质钻探，16 号煤层主回风巷道附近岩层的主要物理力学特征见表 5.3。

煤矿底板突水受地质条件、水文地质条件、开采条件等因素的影响。由陷落柱平面图和剖面图（见图 5.19）可知，依据突水事故发生的特点和特征，认为煤层挖掘后裂隙导通陷落柱形成导水通道，造成奥陶系含水层高承压水通道导水通道涌入工作面。导水陷落柱由主溶洞和次溶洞两部分组成。主溶洞位于 16 号煤层回风大巷工作面前方，距离小于 10m，次溶洞埋藏在煤层底部，裂缝发育良好，有利于承压水导通。

**表 5.2 $T_1$ 钻孔地层构造**[149]

| 柱状 | 层厚/m | 孔深/m | 描述 |
|---|---|---|---|
| | 4.7 | 359.0 | 9号煤层 |
| | 55.0 | 414.0 | 泥岩、砂岩互层，夹0.4m厚薄煤层 |
| | 7.8 | 421.8 | 16号煤层 |
| | 12.2 | 434.0 | 深灰色粉砂岩 |
| | 4.0 | 338.0 | 粉砂岩 |
| | 13.1 | 351.1 | 陷落柱上部裂隙段 |
| | 2.09 | 453.2 | 掉钻落空段 |
| | 2.61 | 455.8 | 塌落堆积泥岩碎块 |
| | | | 下奥陶系石灰岩 |

**表 5.3 巷道围岩的物理力学性质**[149]

| 岩性 | 厚度 /m | 抗压强度 /MPa | 抗拉强度 /MPa | 密度 /kg · m$^{-3}$ | 弹性模量 /GPa |
|---|---|---|---|---|---|
| 泥岩 | 24.0 | 15.7 | 1.4 | 2500 | 10.9 |
| 16 号煤 | 7.8 | 10.4 | 1.0 | 1400 | 10.0 |
| 粉砂岩 | 16.2 | 58.7 | 4.2 | 2600 | 6.4 |
| 泥岩 | 17.8 | 15.6 | 1.4 | 2500 | 10.9 |
| 奥陶系灰岩 | 10.0 | 35.0 | 1.8 | 2700 | 44.2 |

## 5.3.2 FRACOD 软件验证及构造突水模型建立

### 5.3.2.1 FRACOD 软件验证与应用

5.1 节中介绍了 FRACOD 软件中裂纹水力耦合计算方法，因此本节利用该方法模拟矿井突水。值得强调的是不能把陷落柱当作一个连续的地质体进行模拟，因为 FRACOD 软件中模拟完整的陷落柱需要更复杂的模型和相当长的计算时间来实现陷落柱的曲线边界的收敛。

为了验证在 F 准则中讨论的断裂传播机制的准确性，本节创建一个简单的巷道模型，用以模拟 16 号煤层主回风大巷围岩裂纹扩展过程（见图 5.20）。主回风大巷模拟掘进工作面布置于 16 号煤顶部，宽度和高度分别为 5.22m 和 3.66m，巷道距离地表深度为 414m，地应力水平为 10.3MPa 左右。根据巷道围岩物理力学性质可知（见表 5.3 和表 5.4），煤岩弹性模量为 10GPa，抗拉强度为 1.0MPa，泊松比为 0.25，内摩擦角为 35°，内聚力为 2MPa。在这种情况下，假定裂纹初始宽度为 10μm，断裂剪切和法向刚度设定为 100GPa/m。

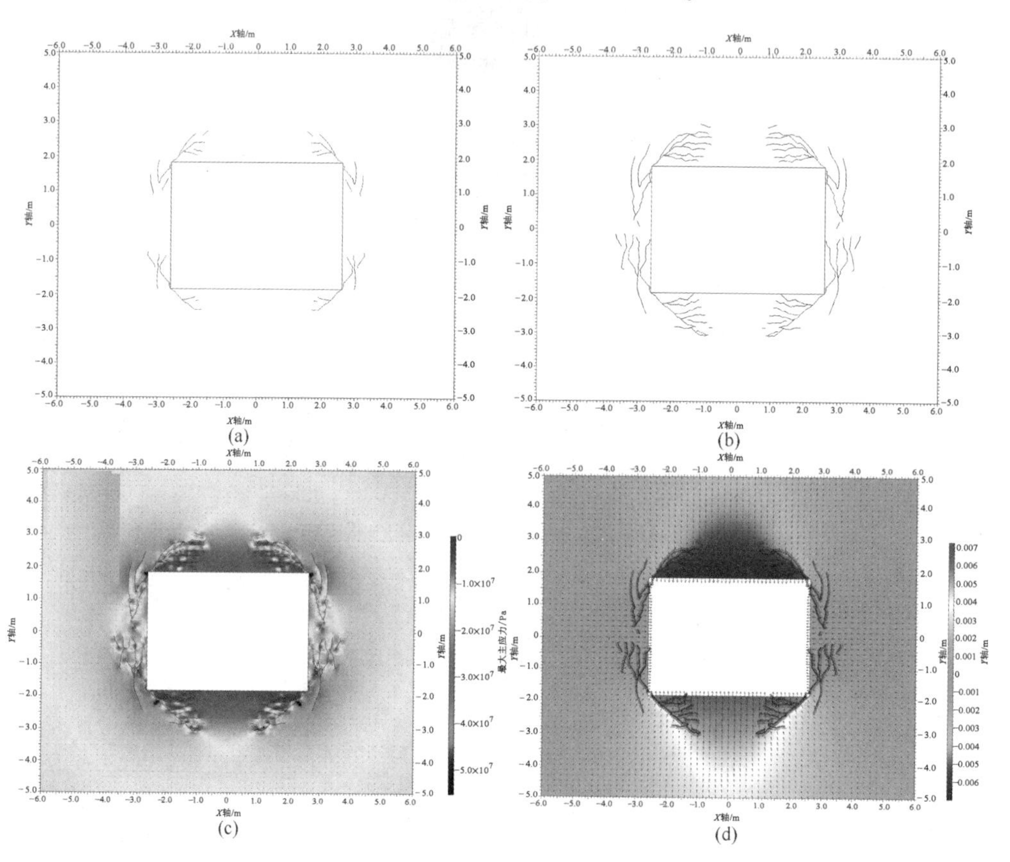


图 5.20　16 号煤层主回风大巷验证模型模拟结果

（a）巷道围岩裂纹起裂；（b）巷道围岩裂纹扩展和贯通；
（c）最大主应力分布云图；（d）垂直方向位移场分布云图

为了减少软件计算时间，巷道采用对称模拟条件。由 16 号煤层主回风大巷验证模型模拟结果可知，FRACOD 可以有效地模拟巷道围岩的裂纹起裂、扩展和贯通。受煤层开挖的影响，巷道围岩的应力发生了重新分布造成应力集中现象的产生，进而造成巷道变形或破坏。受应力集中的影响在巷道拐角附近的围岩中首先出现裂纹（见图 5.20(a)）；集中应力产生于巷道顶板与底板的拐角处，最大主应力大小为45MPa（见图 5.20(c)）；在巷道两帮围岩、顶板和底板围岩中裂纹开始扩展并彼此贯通（见图 5.20(b)），虽然围岩的破坏以拉伸破坏为主，但是剪切破坏在裂纹的传播过程中起着重要的作用。同时，巷道位移的最大值产生于巷道顶板处（见图 5.20(d)）。该巷道模拟实例表明，FRACOD 软件模拟结果可以达到预期结果。

**表 5.4 模拟岩石和煤的力学性质**

| 岩层 | 密度 /kg · $m^{-3}$ | 杨氏模量 /GPa | 泊松比 | 摩擦角 /(°) | 内聚力 /MPa | 抗拉强度 /MPa |
|---|---|---|---|---|---|---|
| 泥岩 | 2500 | 10.0 | 0.27 | 35 | 1.2 | 1.4 |
| 16 煤 | 1400 | 9.0 | 0.25 | 35 | 2.0 | 1.0 |
| 粉砂岩 | 2600 | 5.8 | 0.25 | 41 | 9.5 | 4.2 |
| 泥岩 | 2500 | 10.0 | 0.27 | 35 | 1.2 | 1.4 |

#### 5.3.2.2 陷落柱突水模型创建

影响矿井突水的因素有 3 个（简称突水“三要素”）：突水水源、突水通道和突水条件。其中，突水通道是一个关键因素，然而以往学者对矿井突水通道的研究比较模糊。以往的研究大多集中在底板的破坏特征方面，未详细描述开采过程、地质构造和高水压共同作用下突水通道的形成过程。因此，本节重点研究巷道开挖过程中突水通道的形成过程及该过程中构造突水机理。

基于上述研究背景，建立了沿面推进方向的巷道开挖模型，包括陷落柱和奥陶系灰岩岩溶含水层，如图 5.21 所示。其中，模拟巷道推进长度为 36m，巷道高度为 3.66m，埋深为 314m。模拟巷道位于 16 煤层上部，巷道底板距灰岩岩溶含水层为 38m。陷落柱主洞位于巷道工作面前方，距离小于 10 m，次生溶洞埋藏在煤层底部。

数值模型模拟了骆驼山发生突水事故过程中缺陷地质构造的裂隙扩展以及突水通道的演化过程。数值模拟过程中相关岩层和煤的物理力学性质在表 5.4 中给出。在该模拟中，杨氏模量选取了实际测量结果范围区间的最低值。这种处理是为了考虑从实验室试块测量到实际现场岩体中尺度效应的影响，因为现场岩体的杨氏模量显著低于实验室对岩石试样的测量值[216]。

值得注意的是该建模的过程是在二维（2D）平面完成的，因为采用 2D 建模存在一定的问题，即假定巷道的无限宽度，这显然是不现实的。然而 2D 模型相比真实的开采环境能够较好地模拟巷道推进前方的巷道应力集中现象，基于岩石断裂理论 2D 模型仍然可以较好地模拟实际开采环境。

在本节的数值模拟研究中，模型由两部分组成：巷道围岩和陷落柱，如图 5.21 所示。在第一部分中，考虑了地应力的影响并将围岩视为均质、各向同性

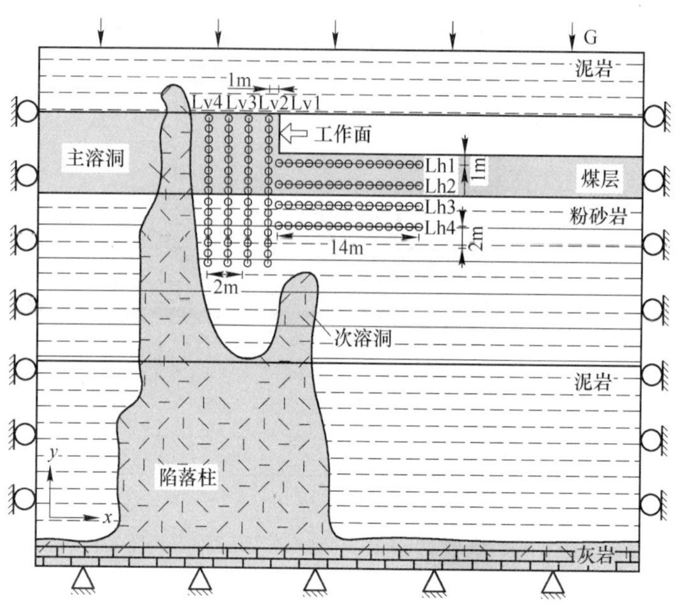


图 5.21　骆驼山煤矿陷落柱突水模型示意图

和弹性介质体。由于受 FRACOD 代码的限制，岩体被认为是不可渗透的和非多孔的。在第二部分中陷落柱被设定为内部含有随机裂纹的地质体，随机裂纹具有一定的初始宽度，同时能够保持设定水压。然而，由于受到建模的限制，陷落柱的边界不能明确的给定，实际的微裂纹尺寸也无法载入模拟程序中。因此，为了简化计算，本节设定初始裂纹为 1.4m 和裂纹的密度为每平方米 0.5 个。

图 5.21 为骆驼山煤矿陷落柱突水模型示意图，其中陷落柱使用区域性裂纹进行表示。模型中布置 Lv1 ~ Lv4 和 Lh1 ~ Lh4 共计 8 条检测线，监测线用以监测巷道前方岩体在突水过程应力变化情况，并确定突水通道是否在此产生。监测线 Lv1 ~ Lv4 平行于模型 $y$ 方向，位于陷落柱与巷道工作面之间的围岩中，Lv1 与工作面相距 1m，Lv1 ~ Lv4 监测线之间相距 2m，每条监测点包含 15 个监测点；Lh1 ~ Lh4 平行于模型 $x$ 方向，分别位于巷道下方，Lh1 与工作面相距 1m，Lh1 ~ Lh4 监测线之间相距 2m，每条监测点包含 15 个监测点。巷道边界选用双向应力边界条件，模型底部为双向位移边界条件，两边采用切向位移垂向应力边界条件。

### 5.3.3　数值模拟结果及分析

#### 5.3.3.1　构造突水通道形成过程分析

由于巷道开挖引起地应力场重新分布，巷道附近围岩发生应力集中区，引发巷道的变形破坏。同时，围岩变形破坏和裂隙的扩展演化显著改变了围岩的渗透性能，进而造成煤矿突水事故的发生。本节利用安全系数（FoS）对16煤主回风大巷道围岩破坏规律进行了分析。FoS[217]，也称为安全系数（SF），用来描述系统承载是否超出预期负载或实际负载。本质上安全系数FoS应描述当前系统承受载荷是否超过其发生破坏所需载荷进而判断该系统是否发生破坏。

在FRACOD模拟软件中，Total FoS由两部分组成，即剪切安全系数和拉伸安全系数。Total FoS是材料所承担的实际剪切/拉伸载荷大小与预期材料最大剪切/拉伸强度的比值。如果Total FoS大于1，则围岩在发生破坏之前仍可以承受额外的荷载。如果Total FoS小于1，围岩将发生破坏，岩体的变形将造成裂隙的萌生、扩展和贯通，使得矿井突水成为可能。从图5.22中的Total FoS分布云图可以清楚地看出，巷道突水位置首先出现在工作面中，因为裂缝扩展形成的通水通道与陷落柱的主溶洞贯通。

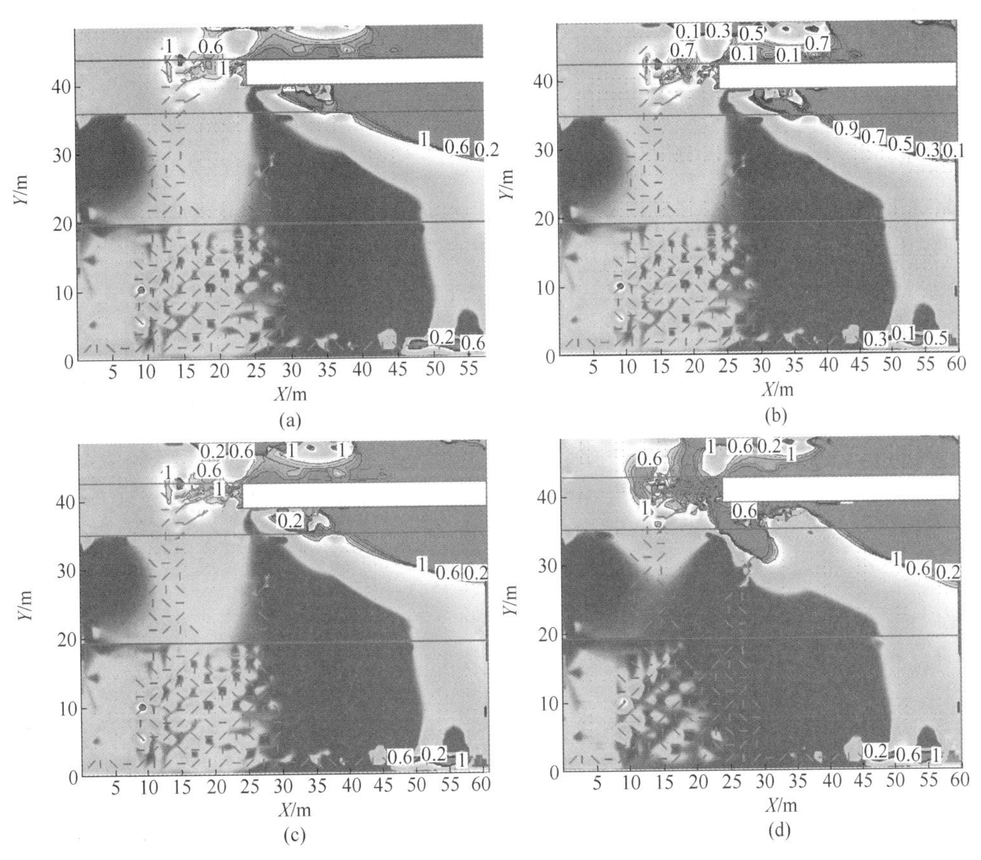


图5.22　围岩Total FoS分布云图

（a）计算9步；（b）计算12步；（c）计算14步；（d）计算24步

图 5.22 为在不同模拟时间内巷道围岩中 Total FoS 分布云图。从图 5.22 中可以清晰地看出，巷道围岩附近的破坏区域随着时间的推移而逐渐增大，特别是在陷落柱主溶洞与巷道之间围岩破坏范围逐渐加剧。

当软件计算 9 步（见图 5.22（a））后，陷落柱周围围岩及巷道前方一定区域的围岩均发生不同程度的破坏，并且破坏区之间发生局部的连接，巷道底板的破坏区开始向次生溶洞扩展。在计算 12 步（见图 5.22（b））之后，陷落柱主溶洞顶部的破坏区直径预计为 5m 左右，该破坏区内部高承压水的流动造成局部出现拉应力，在水压和拉应力的共同作用下陷落柱存在的初始裂纹发生扩展，并向巷道方向传播。当软件计算至 14 步（见图 5.22（c））之后由于裂纹的扩展和贯通，各区域岩石破坏范围进一步扩大。在计算 24 步（见图 5.22（d）），主溶洞形成的破坏区与巷道前方破坏区相互连接，形成突水通道，水涌入巷道，同时在裂隙水压模拟方面，该时刻裂纹水压变为零。形成导水通道之后，16 煤主回风大巷围岩破坏区总体稳定不再扩张。随着模拟的进行，陷落柱次溶洞上方巷道底板破坏区逐步向下扩展，存在与次溶洞贯通趋势。

### 5.3.3.2　围岩应力分布规律

16 煤主回风大巷围岩应力的变化规律受岩石力学性质（如杨氏模量）和地质构造等诸多因素的影响。图 5.23 中为计算 14 步围岩正应力变化特征，其中监测线 Lv1～Lv4 和 Lh1～Lh4 距掌子面和底板的距离为 1m、3m、5m 和 7m，图 5.23（a）为垂直于监测线 Lv1～Lv4 的 $X$ 方向上的正应力，水平轴是 $Y$ 坐标方向上的距离。图 5.23（b）为垂直于监测线 Lh1～Lh4 的 $Y$ 方向上的正应力，水平轴是 $X$ 坐标方向上的距离。

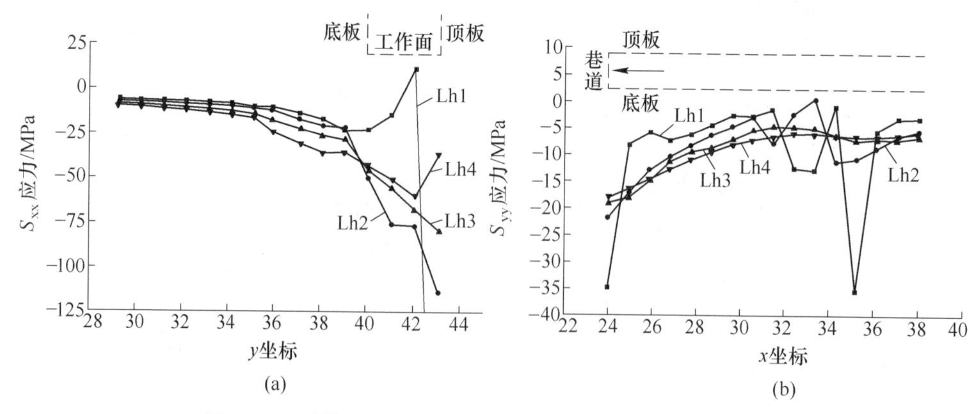


图 5.23　计算 14 步工作面前方煤柱和底板应力变化特征

（a）$S_{xx}$ 方向应力变化曲线；（b）$S_{yy}$ 方向应力变化曲线

如图 5.23（a）所示，Lv1-Lv4 监视线位置处 $X$ 方向上的模拟法向应力有着相近的变化趋势，距离工作面不同距离各监测线下部位置处（图 5.23（a）中的曲线的左边部分，$y$ 坐标 28~35）正应力数值非常接近，对比监测线上部位置（$y$ 坐标 35~44）处应力变化具有明显的差异性，受开采影响该区域相比未受扰动区域应力波动比较剧烈。产生这样的现象可以用裂纹扩展规律进行解释，监测线下方岩体相对保持其自身完整性，未产生裂纹的扩展和贯通，而工作面前方煤壁内裂隙发育完全，引起正应力在不同位置出变化程度较大，如图 5.22（c）所示。监测正应力的最大值出现在监测线 Lv1 顶端位置，该位置处于巷道拐角前方煤壁内，造成该现象的原因可能是由集中应力的影响，或者因为该监测点位置与扩展裂纹距离较近。监测线上部位置（$y$ 坐标 35~44）处应力变化随与巷道距离的增大而减小的趋势。与未受开采扰动的岩体相比，受开挖巷道的影响，巷道附近岩体应力变化程度远大于其他区域，因此造成工作面前方煤壁应力变化不均衡。结合巷道破坏区变化可知，裂纹首先起裂于巷道工作面顶部，并向陷落柱方向扩展，该过程中裂纹不断扩展、演化和贯通，导致较多的承压水涌入该裂纹区域。

巷道底板不同位置处监测 $Y$ 方向正应力变化特征与煤壁不同位置处应力变化相近，如图 5.23（b）所示。其中，Lh1 监测点左端部分，工作面下方位置，与 Lv1 监测点顶端监测应力相近，受巷道边角处应力集中的影响程度远大于其他区域。监测应力最大值位于 Lh1（见图 5.23（b））的底板拐角附近。然而，远离工作面的底板区域（监测线右端区域）内正应力的变化较为复杂，这可能受陷落柱次溶洞的影响造成的（见图 5.21），同时在图 5.22（c）和图 5.22（d）的附近区域中也可以看到一些复杂的变化。因此，图 5.23 模拟计算结果表明了裂纹的产生、扩展和贯通对围岩的应力变化有着潜移默化的影响。此外，裂纹改变岩体的应力状态进而对岩体的渗透性有重要影响。

#### 5.3.3.3 裂纹的扩展与演化

##### A 陷落柱与工作面间煤柱裂纹扩展特征

图 5.24 为陷落柱模型裂纹扩展过程。受巷道应力集中的影响，在巷道顶角处开始发生大裂纹，并向陷落柱方向传播（见图 5.24（a））。与此同时，陷落柱靠近工作面一测裂纹起裂并向巷道方向传播。虽然初始裂纹产生的数量较少，但由于裂纹的扩展和贯通，它们在后期突水通道形成的过程中起着非常重要的作用。一般认为局部区域内产生的应力集中超过了岩石的承载能力，造成裂纹的起裂，而区域高应力的产生是流体压力和地应力重新分布造成的。在这种情况下，受剪切应力的影响裂纹得以传播扩展，同时拉伸应力在裂纹的传播过程中起着重要的作用。

在模拟计算的早期阶段，陷落柱主溶洞裂纹在原有裂纹上发生扩展，初始裂纹的起裂方向平行于原有裂纹，并向巷道方向扩展（见图 5.24（a））。随着时间的推移，陷落柱导通的高承压水驱使主溶洞原有裂纹向工作面方向扩展（见图 5.24（b）），并且该扩展裂纹最终与工作面端部起裂的裂纹相互贯通，贯通的位置发生在工作面前方的煤柱内部（见图 5.24（c））。煤壁中贯通后的裂纹在 4.1MPa 高承压水的作用下继续发生扩展演化，最后在工作面与主溶洞直接煤柱形成多个斜长裂纹，该部分裂纹受承压水的冲刷最终形成突水通道（见图 5.24（d））。

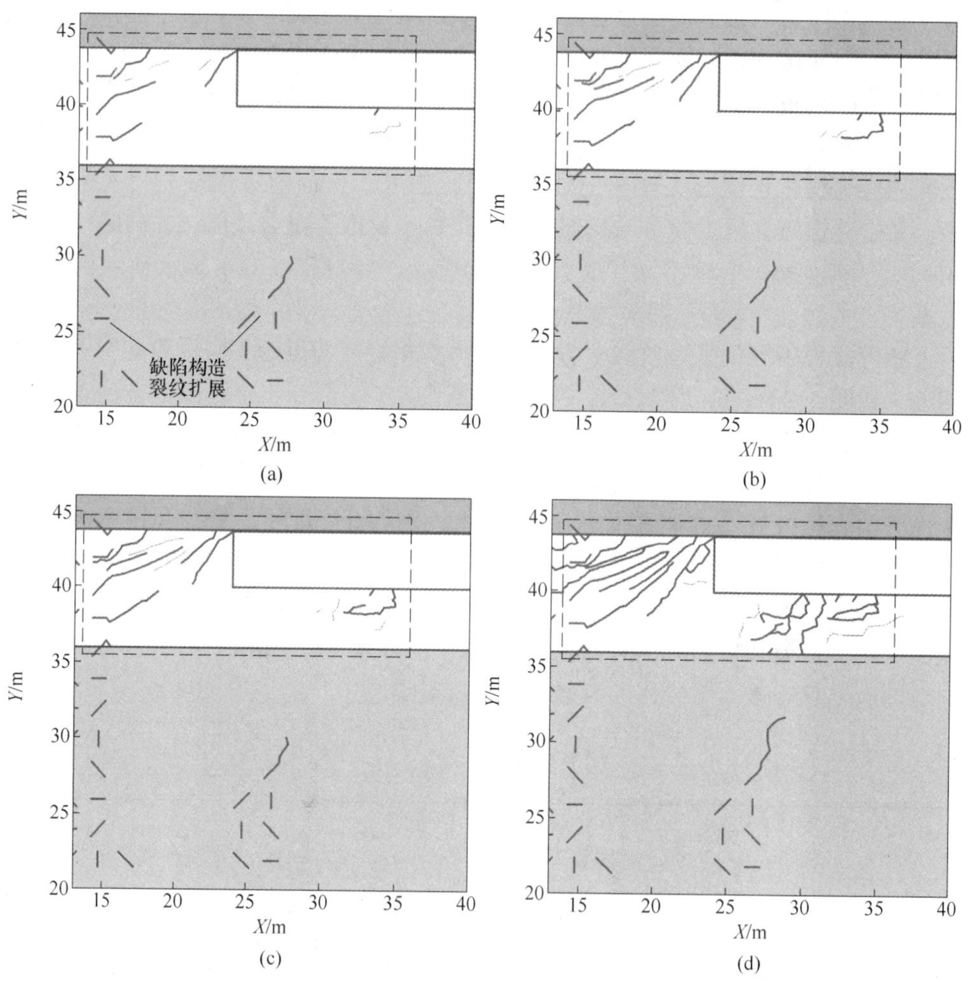


图 5.24　模拟巷道围岩裂纹的起裂、扩展和贯通

（a）计算 9 步；（b）计算 12 步；（c）计算 14 步；（d）计算 24 步

B　底板裂纹扩展特征

如图 5.24 巷道围岩裂纹扩展规律所示，煤层底板的裂缝发育分为两部分：（1）裂纹自底板破区向次溶洞方向起裂、扩展和贯通；（2）次溶洞原生裂纹垂

直向工作面底板方向传播。然而在主溶洞突水通道导通至工作面之前，两部分裂纹并没有产生贯通。因此，通过数值模拟结果可知，次溶洞高承压水与底板未形成突水通道。

综上所述，依据 FRACOD 模拟计算结果可知，骆驼山 16 煤回风大巷突水事故中突水水源来自奥陶系灰岩含水层，高承压水通过陷落柱主溶洞导通至回风大巷，突水位置在工作面前方；受开挖扰动应力重新分布和高水压共同影响作用，裂纹起裂于陷落柱主溶洞上方和工作面上端拐角处，裂纹在煤柱内部贯通并形成突水通道。

#### 5.3.3.4　突水通道的形成与扩展

上述模拟结果表明，陷落柱主溶洞产生的裂纹与工作面煤壁裂纹相互贯通形成突水通道，导致开挖巷道开挖工作面发生突水。本节为了进一步阐述突水通道的形成过程，建立一个新的巷道切面模型，该模型与陷落柱突水模型外部参数条件相同。模型由主溶洞初始裂纹和 16 煤回风大巷两部分组成，如图 5.25 所示。

图 5.25 展示了裂纹合并前后的突水通道的形成和发展过程。从图 5.25 可以清晰地看出，主溶洞扩展裂纹内部含高水压的承压水，同时裂纹向巷道方向扩展（见图 5.25（a）），并且在巷道上下拐角处起裂的裂纹向主溶洞方向扩展，而这部分裂纹内部不存在承压水。图 5.25 中裂纹中箭头表示裂纹内流体压力的相对大小。两部分裂纹贯通后（见图 5.25（b）），巷道拐角扩展的裂纹随即充填高承压水形成突水通道，使得主溶洞内的承压水涌入工作面，受导水通道的影响大量的水涌入巷道内，裂纹内水压变为零。同时，由于巷道开挖的停止和集中应力的释放新产生的裂纹不再扩展和贯通，不再形成新的突水通道，16 号煤回风大巷围岩总体趋于稳定。

综上所述，受开采影响围岩裂纹起裂、扩展和贯通是突水通道形成的主要因素之一，了解地应力和水压共同作用下裂纹扩展过程对煤矿防治水具有重要意义。巷道围岩裂隙起裂、扩展、贯通等突水通道的形成是煤矿开采的关键问题之一。了解开挖应力和地下水水压耦合的破裂过程对防治突水具有重要意义。FRACOD 模拟软件采用了一种新的流体流动和裂纹扩展迭代方法，能够模拟复杂裂隙网络中的流体流动和流体压力作用下裂纹的起裂和扩展。陷落柱突水模型模拟结果表明高承压水驱使陷落柱主溶洞裂纹向开挖方向扩展并于工作面前方煤壁受矿压作用下产生的裂纹贯通，进而形成突水通道；16 号煤回风大巷突水事故中突水水源来自奥陶系灰岩含水层，高承压水通过陷落柱主溶洞导通至回风大巷，突水位置在工作面前方；受开挖扰动应力重新分布和高水压共同影响作用下，裂纹起裂于陷落柱主溶洞上方和工作面上端拐角处，裂纹在煤柱内部贯通并形成突水通道。

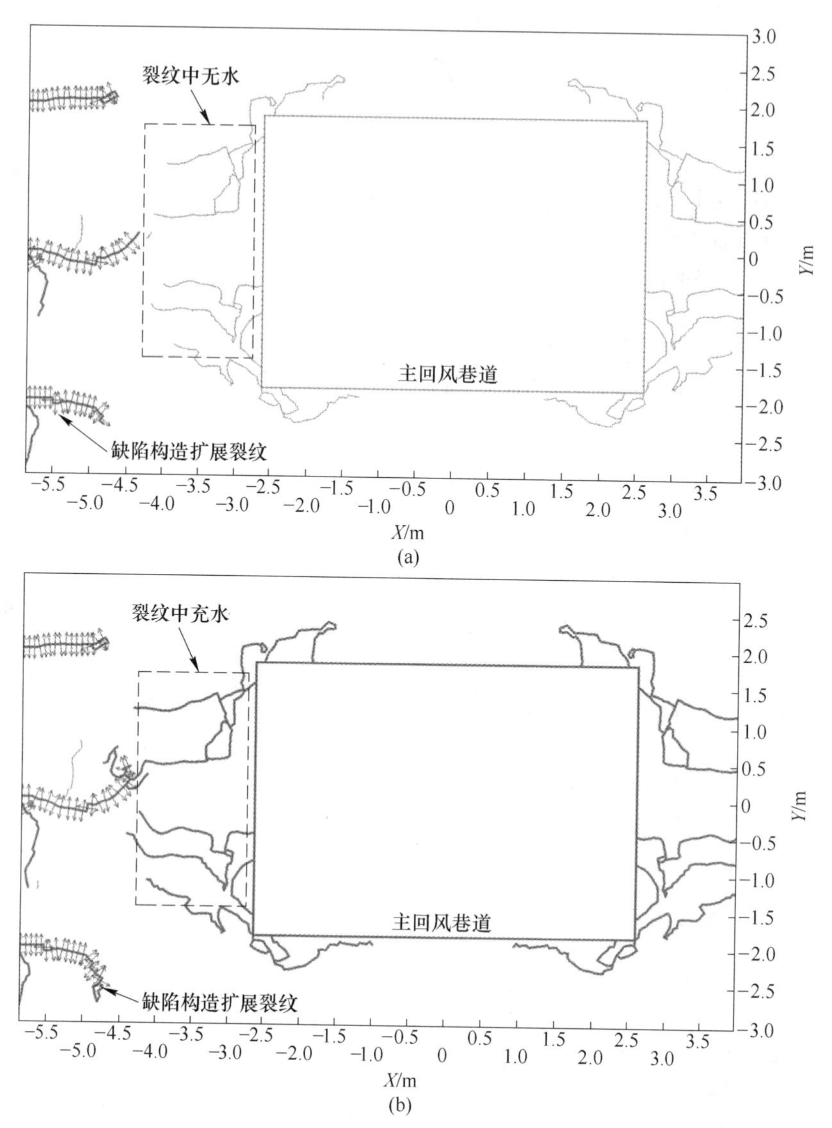


图 5.25　裂纹贯通前后突水通道的形成过程

（a）突水通道贯通前；（b）突水通道贯通后

# 6 底板构造突水物理模拟试验及监测方法

煤矿开采过程中底板构造的活化是受多方面因素影响的演化过程，利用室内缺陷岩石试验可以探究缺陷对岩体的协同破坏作用，数值模拟直观展示了构造导致煤矿突水过程中围岩应力场、位移场变化特征，然而由于室内试验和数值模拟在验证煤矿现场底板构造突水机理方面仍然有较大欠缺，为此有必要开展在固流耦合状态下煤矿底板构造突水过程的物理试验研究。该试验不仅直观展示了突水通道的演化过程，而且利用传感器收集到的构造活化过程中围岩内水压流量的变化数据，实现对不同灾变模式下突水通道形成过程、围岩应力和孔隙水压变化规律的研究，从侧面了解构造失稳致突机制。

## 6.1 物理模拟试验系统及固流耦合模拟材料选择

### 6.1.1 采动煤层底板突水相似模拟试验系统

#### 6.1.1.1 试验系统构成

采动煤层底板突水相似模拟试验系统[212,218,219]利用三维固流耦合模拟及计算机控制技术，获得高水压高围压作用下底板采动渗流场的演变规律，在研究渗流通道失稳破裂致灾机制方面提供了新的研究方法。模拟试验系统由 4 个子系统构成：试验台主模块系统、伺服加载系统、水压控制系统及智能监测系统，如图 6.1 所示。

图 6.1 采动煤层底板突水相似模拟试验系统

试验台模型铺设尺寸最大可达（长×宽×高）900mm×500mm×800mm，试验过程中模拟采场的地应力由垂直加载系统和侧向加载系统实现。垂直加载单元，最大垂直荷载达 300kN，作动器最大行程达 400mm，位移传感器的最大量程为 30mm，伺服控制精度为标示值的±1%；侧向加载单元，最大水平荷载达 300kN，作动器最大行程达 200mm，位移传感器量程达 30mm，其中变形控制按照多支位移传感器的平均值进行选取，伺服控制精度为标示值的±1%；在伺服控制部分，荷载加载速率最小最大分别达 0. 01kN/s 和 100kN/s，位移加载速度（位移控制）最小最大速率分别为 0. 01mm/min 和 100mm/min，位移控制稳定时间为 7d，其测量控制精度达到示值的±1%。

水压控制系统利用高压软管与试验台水箱进行连接，注水管与柱塞泵由高压软管进行连接，将水箱内的水通过水箱上部垫板出水孔（见图 6. 2）注入模型，最大水压力达 1. 5MPa。试验台前后为新型高强度密封材料——有机玻璃板（见图 6. 3），相邻玻璃板通过密封胶进行紧密贴合，使得模拟承压水无法透过玻璃板之间流出模型，同时透过有机玻璃可以观察到内部突水裂隙演化全过程。在模型试验台水箱上部垫板设计 96 个出水孔，用以模拟承压水含水层底板。

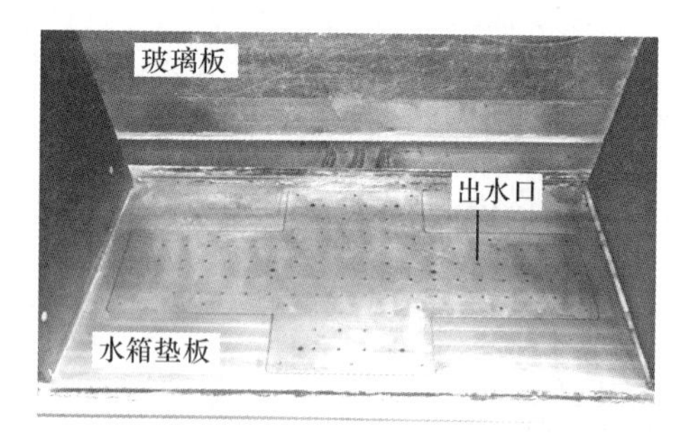


图 6. 2　水箱垫板

图 6. 3　密封材料板

#### 6. 1. 1. 2　试验系统特点

采动煤层底板突水相似模拟试验系统具有如下特征：

（1）全过程。通过试验系统两侧的透明玻璃板，在模拟底板突水实验过程中的承压水导升、隔水层破坏、突水裂隙贯通、形成与演化、构造突水通道形成等多种现象可以进行直接观测。

（2）多样性。系统可以实现位移应力多方式控制加载和多种数据收集方式。通过封闭水囊及导水管模拟裂隙水害、老空水害和地面水害等不同类型的突水模式，采用不同加载方式模拟海底隧道工程、深部勘探等不同应力场条件。

（3）可靠性。系统可以实现对不同底板构造、开采工艺、隔水层性质等因素下底板突水发生过程的模拟，通过双向加载及有机玻璃板的束缚实现有效地应力的模拟，采用水压控制系统实现了高水压状态下承压水保压及动水压作用，利用土压力、水流量等传感器全方位、高精度监测应力及渗流场变化。

#### 6.1.1.3 试验系统使用方法

试验系统使用方法如下：

（1）使用非亲水型固流耦合相似模拟材料或普通相似材料进行对煤矿顶底板和地质构造的模拟。

（2）将由相似材料制作的底板铺设在试验架的底部，并在上下方均铺设多个应力传感器，由电脑进行收集与分析。

（3）在底板上方铺设煤层，在煤层上铺设顶板，待铺设完毕后将有机玻璃板安装在装置前后方，相向的横向加载机构通过对应的侧板向底板施加横向应力，纵向加载机构对顶板施加纵向应力，用以模拟三轴加载环境。

（4）同时高压水缸向水槽内填充压力恒定的高压水，实现固流两项模拟试验。

（5）开挖煤层同时收集相应信息，并记录相关的试验现象。

### 6.1.2 非亲水型固流耦合相似模拟材料

非亲水型固流耦合相似模拟材料是一种能在液体中保持其自身力学性质不发生变化的一种材料。固流耦合力学主要研究了地下开采环境中流体与岩石相互作用下的一门交叉学科，这部分学科首先研究了渗流作用对含裂隙岩石力学性质造成的影响，其次，研究了流体运移过程中与岩石裂纹扩展、破坏过程中产生的耦合作用[220]。随着浅部煤炭资源的枯竭和开采技术的不断进步，我国矿井开采深度不断加深，非亲水型固流耦合相似模拟材料的制作成为对地下开采围岩模拟的重要研究内容。研究模拟地下采场附近岩石的非亲水型固流耦合相似模拟材料的相关力学性质成为重要的内容。

近几年来，众多学者研制了适用的固流耦合相似模拟材料，并用于制作物理相似模型，该材料较好地模拟了地下岩石在工程的实际基本力学性质。Shemenda[221]利用石蜡、石膏等非脆性的混合材料和模拟岩石圈和软流圈实现对俯冲碰撞的研究；张杰等人[222]选用石蜡、沙子和碳酸钙等制作相似模拟材料，利用物理模型研究了富水、积沙层下的煤矿开采；山东大学的李树忱[223]等人将沙子、滑石粉当作材料的骨料，选用石蜡作和松香胶结剂，并选用该材料开展隧道涌水物理模拟试验。

模拟相似材料选择非亲水固流耦合相似模拟材料[23,224]，采用一定比例的河砂、碳酸钙为骨料，一定质量比的凡士林、石蜡为胶结剂，液压油为调节剂制作煤层与底板岩层，模拟料抗压强度和渗透系数分别在0.30～0.8MPa和$2.87\times10^{-7}$～$9.37\times10^{-5}$cm/s之间，其浸水后的物理力学性能近似于原岩，非亲水固流耦合相似材料相关研究成果已在文献［225］和文献［226］中探讨，本书不再过多探讨。

## 6.2 底板缺陷裂隙扩展型突水通道形成模拟

### 6.2.1 底板缺陷裂隙突水模型建立

#### 6.2.1.1 模型相似比确定

本模型[24]以某矿区实际开采地质环境作为研究背景，模拟底板突水全过程。该煤矿主采煤层硬度系数为1.5，属于中硬煤层类型。煤层倾角在17°～25°之间，平均值为21°，煤层厚度在1.8～2.3m之间，平均值为2m。工作面埋藏深度为780～840m，工作面长度为191m，倾向推进长度为912m，并采用垮落法处理采空区。

模拟受承压水威胁开采煤层厚度为2m，底板有效隔水层厚底为22m，模拟承压水水压为3MPa。在开采过程中，地质条件较为复杂，承压水的威胁越来越严重。本模型所用的矿井开采底板岩层的物理性质见表6.1。

表6.1 底板岩层基本物理参数

| 岩层 | 深度/m | 厚度/m | 抗压强度/MPa | 弹性模量/GPa | 泊松比 | 渗透系数/$10^{-7}m^3\cdot s^{-1}$ |
|---|---|---|---|---|---|---|
| 8号煤 | 800.00 | 2.01 | 12.8 | 1.5 | 0.3 | 23.34 |
| 粉砂岩 | 801.37 | 1.37 | 42.9 | 6 | 0.25 | 12.1 |
| 泥岩 | 803.49 | 2.12 | 62.7 | 9.5 | 0.27 | 9.23 |
| 粉砂岩 | 807.05 | 3.56 | 42.9 | 6 | 0.25 | 12.1 |
| 泥岩 | 810.31 | 3.26 | 62.7 | 9.5 | 0.27 | 9.23 |
| 粉砂岩 | 812.45 | 2.14 | 42.9 | 6 | 0.25 | 12.1 |
| 灰岩 | 816.25 | 3.2 | 91.6 | 11 | 0.2 | 4.16 |
| 6号煤 | 820.05 | 3.8 | 12.8 | 1.5 | 0.3 | 23.34 |

依据煤矿底板突水固流耦合模拟试验台实际试验舱尺寸可知，本模型设计尺寸为900mm×500mm×500mm（长度×高度×深度）。在物理模拟试验的基础上，通过理论分析，结合实际采场地质条件，确定原型和模型几何相似比为1∶100。依据相似“三定律”[227]，模型相关的相似参数如下所示：

（1）几何相似比。

$$\alpha_L = X_m/X_P = Y_m/Y_P = Z_m/Z_P = 1/100 \tag{6.1}$$

式中，$X_P$，$Y_P$ 和 $Z_P$ 为实验对象在 $x$、$y$ 和 $z$ 三个方向的几何尺寸；$\alpha_L$ 为几何相似比；$X_m$，$Y_m$ 和 $Z_m$ 为模拟对象在相关方向的几何尺寸。

（2）时间相似比。

$$\alpha_t = \sqrt{\alpha_L} = 1/10 \tag{6.2}$$

式中，$\alpha_t$ 为时间相似比系数。

（3）容重相似比。

$$\alpha_\gamma = \gamma_{mi}/\gamma_{Pi} = 1/1.5 \tag{6.3}$$

式中，$\gamma_{Pi}$ 为实际开采环境地层中第 $i$ 层岩层的容重；$\gamma_{mi}$ 为相关模型中第 $i$ 层岩层的容重；$\alpha_\gamma$ 为容重相似系数。

（4）变形相似条件。

$$\alpha_\varepsilon = 1 \tag{6.4}$$

$$\alpha_u = 1 \tag{6.5}$$

$$\alpha_E = \alpha_\sigma = \alpha_\gamma \alpha_L = 1/150 \tag{6.6}$$

式中，$\alpha_\varepsilon$ 为应变相似系数；$\alpha_u$ 为泊松比相似系数；$\alpha_E$ 为杨氏模型相似系数；$\alpha_\sigma$ 为应力相似系数。

（5）渗透系数相似比。

模型模拟使用的流体为水，与原型相同，因此模型与原型的容重相似比 $\alpha_\lambda = 1$，则渗透相似系数为：

$$\alpha_k = \sqrt{\alpha_L}/\alpha_\lambda = 1/10 \tag{6.7}$$

表6.2为模型岩层材料配比及其主要物理力学参数，其中材料配比为河砂、碳酸钙、石蜡和凡士林在材料中的质量分数，例如8∶1∶6∶4表示河砂、碳酸钙、石蜡和凡士林的质量百分比分别为80%、10%、6%和4%。

**表6.2 模型岩层材料的配比及主要物理力学参数**

| 模拟岩层 | 岩层厚度/m | 模拟厚度/m | 配比 | 抗压强度/MPa | 渗透系数/$10^{-7}m^3 \cdot s^{-1}$ |
|---|---|---|---|---|---|
| 8号煤 | 2.01 | 0.02 | 8∶1∶1∶9 | 0.06 | 1.9 |
| 粉砂岩 | 1.37 | 0.01 | 8∶1∶6∶4 | 0.29 | 1.1 |
| 泥岩 | 2.12 | 0.02 | 8∶1∶3∶7 | 0.42 | 0.8 |
| 粉砂岩 | 3.56 | 0.04 | 8∶1∶6∶4 | 0.29 | 1.1 |

续表 6.2

| 模拟岩层 | 岩层厚度/m | 模拟厚度/m | 配比 | 抗压强度/MPa | 渗透系数/$10^{-7}m^3 \cdot s^{-1}$ |
|---|---|---|---|---|---|
| 泥岩 | 3.26 | 0.03 | 8 : 1 : 3 : 7 | 0.42 | 0.8 |
| 粉砂岩 | 2.14 | 0.02 | 8 : 1 : 6 : 4 | 0.29 | 1.1 |
| 灰岩 | 3.20 | 0.03 | 8 : 1 : 5 : 5 | 0.61 | 0.5 |
| 6 号煤 | 3.80 | 0.04 | 8 : 1 : 1 : 9 | 0.06 | 19 |

由于石蜡在常温下是固体状态，因此室温条件下不能用作胶结剂，所以非亲水性固流耦合相似材料的制备方法与其他类似材料的制备方法不同。在铺设过程中，首先将石蜡、凡士林和液压油加热至 60℃ 进行熔融处理，然后在一定温度下将河砂和碳酸钙混合搅拌。最后，将所获得的模拟岩层材料放置在底板突水模拟测试系统中，在模型铺设过程中，将传感器布置于模型设计位置处，并通过伺服试验控制系统设计其他参数后进行测试。模型的铺设过程如图 6.4 所示。

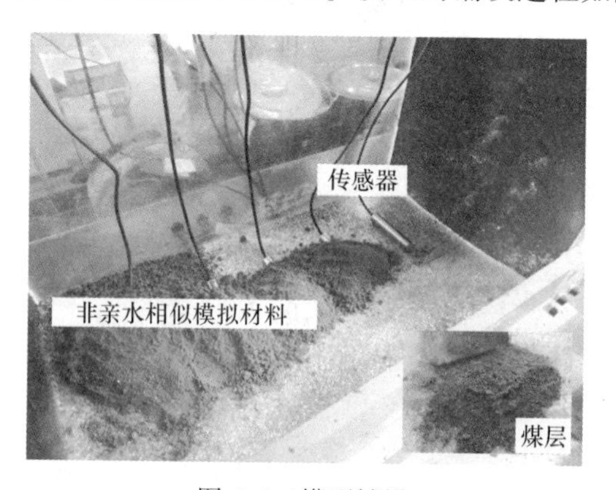


图 6.4　模型铺设

### 6.2.1.2　模型外部载荷及传感器铺设

基于煤矿实际的开采条件，设计模型开采深度为 800m，由于模型尺寸限制，利用试验钢板向模型上覆岩层施加额外的载荷，其中开采煤层覆岩平均容重为 $25kN/m^3$。根据 6.1 节的相似理论可知，物理模型的施加水平应力大小为 180kPa，利用水压控制系统保证底板承压水含水层水压维持在 30kPa。值得注意的是实验测试系统边缘位置采用密封胶密封，进而保证底板静水压力维持在一定水平。

利用土压力传感器（P）和孔隙水压力传感器（W）监测开采过程中底板地应力和水压的变化特征，如图 6.5 所示。使用 BX-1 传感器监测煤层开采过程中底板应力变化规律，设计最大量程为 2.5MPa；使用 BS-1 传感器监测底板不同位置处水压变化特征，设计最大量程为800kPa。实验数据由DH-3816N静态应变测量系统采集，采样速率为60点/秒，应变敏感系数为1~3。图6.5为模拟试验传感器铺设位置的示意图。

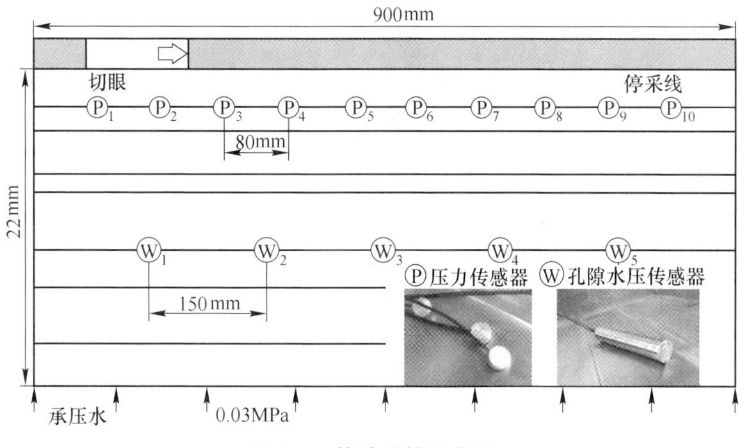


图6.5 传感器铺设位置

### 6.2.1.3 物理模拟试验步骤

物理模拟试验具体试验步骤如下所示：

（1）在试验开始前，利用密封胶密封试验台的边缘部位，并使用润滑油涂抹有机玻璃板靠近模型一侧，然后用螺钉拧紧，以确保良好的密封性。

（2）按模型设计尺寸自下而上铺设底板岩层、煤层和顶板岩层，云母粉散布在不同底板层间，各层压实，同时底板岩层之间蓝色细沙填充，水箱中的水用红色染料染色，便于观察实验现象。

（3）模型铺设完成后，施加外界载荷提高压实效果，该模型干燥5d后，利用模拟实验台的水压系统向模拟承压水含水层施加0.03MPa的水压并维持一段时间，直至承压水含水层内水压和土压力传感器采集的数据不再发生变化。

（4）待水压稳定底板岩层完全充满承压水，利用静态应变监测系统对各传感器监测点的渗透水压和垂直方向的应力数据进行监测收集，开采煤层进行试验。铺设完成的物理模型如图6.6所示。

## 6.2.2 底板突水通道形成过程分析

本节试验结果分析过程中所涉及的几何大小均参照模型的实际尺寸大小，如推进长度等，而不是煤矿开采实际尺寸。

在模拟试验过程中，通过使用挖掘工具模拟煤矿实际的采矿过程。模型开采

图 6.6　铺设完成的物理模型

过程中首先确定开采步距和开采速度，具体开挖参数参见相似准则分析。为了有助于试验过程煤层开挖的进行，试验台煤层外侧透明有机玻璃板仅在采煤时移除。移除有机玻璃板后，利用锯齿形刀片将煤层从模型正面切割至背面，待上覆岩层运动稳定后再次覆盖有机玻璃。

模拟煤层开挖后，开切眼位置上方直接顶随即发生垮落，如图 6.7（a）所示，该时刻底板岩体并没有发生明显变化，承压水水压保持稳定，模型外观并未产生明显的裂纹。当工作面由 20m 开挖到 25m（见图 6.7（b））时，顶板初次垮裂，初次来压步距为 25m；通过有机玻璃可以看出，在采空区底板首次出现向下扩展的裂纹，同时由于渗透作用，16 煤层逐渐被染成暗红色，染色范围也逐渐扩大；在该阶段，承压水上方岩层发生明显的软化现象，底板岩层之间的蓝色细砂不断迁移，岩层之间分界线逐渐模糊。当工作面开采到 40m 时，如图 6.7（c）所示，煤层开切眼处首次出现少量的涌水，同时采空区内部向外涌出少量的红色承压水；随着开挖的进行，开切眼与采空区之间下方的岩层出现尺寸较小的导水裂隙，数量逐渐增加并扩展贯通，一段时间后工作面出现大量的涌水，承压水突水现场发生。工作面继续开挖至 75m 时，顶板连续垮落，采空区持续突水。

### 6.2.3　底板应力变化特征分析

模拟煤层开挖过程中，底板监测点 P1、P3、P5 和 P9 的垂直应力的变化特征如图 6.8 所示。结合第 2 章内容可知，底板岩石受开挖的影响，底板岩体依次经历了压缩区-膨胀区-重新压实区的变化过程，底板不同位置传感器监测的垂直应力经历了小幅度增大-急剧降低-缓慢增大的变化规律。

煤层开采 5cm 后，煤层开切眼下方的 P1 传感器处于膨胀区发生应力卸载，

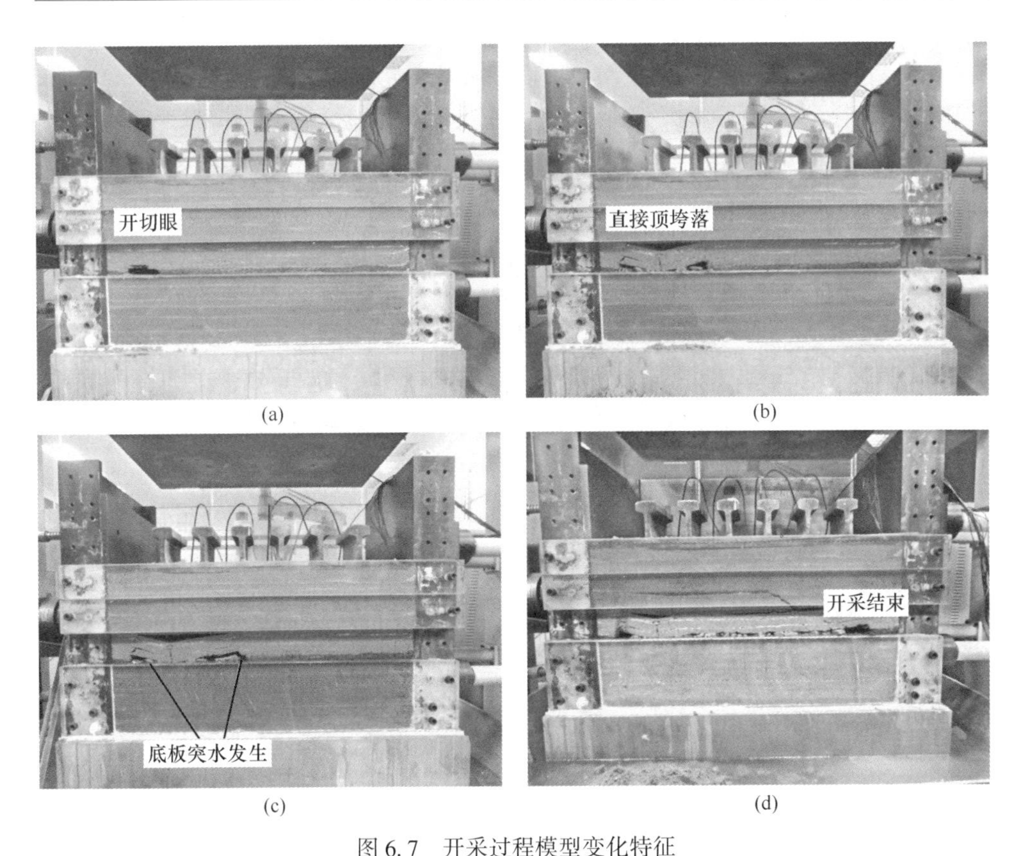


图 6.7 开采过程模型变化特征

（a）开切眼；（b）开采 25m 顶板初次垮裂；（c）开采 40m 采空区底板发生突水；（d）结束开采

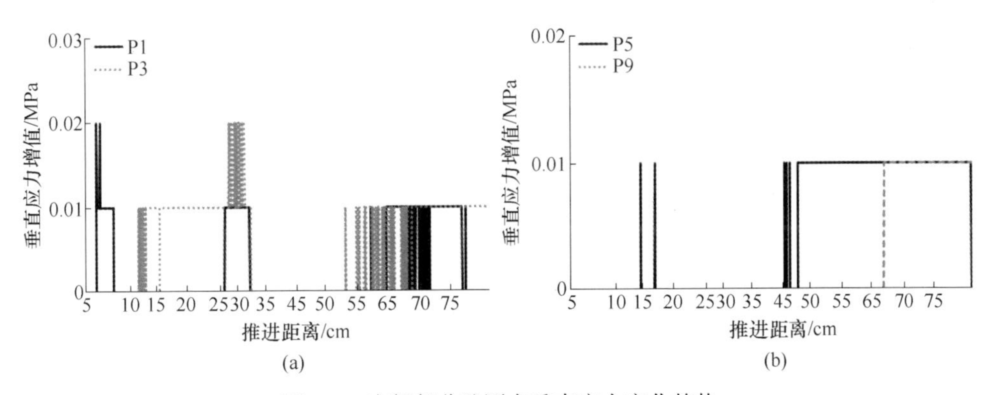


图 6.8 底板部分监测点垂直应力变化趋势

（a）P1、P2 测点应力变化；（b）P5、P9 测点应力变化

膨胀破坏造成水压传感器 W1 处孔隙压力增加，岩体裂隙扩展演化；P3 和 P1 的变化趋势基本相似；开采到 10cm 时，P3 出现应力卸载的同时下方的 W2 孔隙水

压力增大。开采到25cm时，P1与P2数值出现相同幅度的增大趋势，为导水裂隙的贯通提供了扩展条件，进一步导致开采30cm时W1～W3数据的剧烈变化。

开采50cm时煤层底板发生突水，在承压水水压的影响下底板岩体完整性发生破坏，导致了P1与P2传感器数据发生剧烈波动。随着P5、P9铺设位置与煤壁间的距离不断缩短，受开采扰动影响程度逐渐增大，传感器监测垂直应力卸载，区域应力的改变直接引起W4与W5处孔隙水压力的改变。实验结果表明，采动影响煤层底板应力周期性变化导致岩体渗透性能具有区域性、时间性的变化特征，同时受承压水的影响，底板裂隙扩展进一步破坏隔水层完整性，造成底板应力的变化。

### 6.2.4　孔隙水压变化特征分析

随着工作面的推进，底板同一岩层处孔隙水压变化趋势存在一定差异，如图6.9所示。本节将底板突水分为3个阶段。

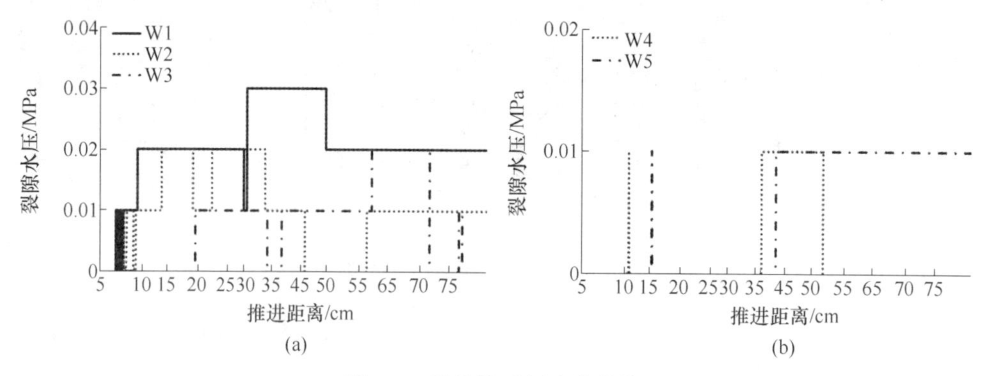


图6.9　孔隙渗透压变化趋势

（a）W1、W2和W3点渗透压变化趋势；（b）W4、W5点渗透压变化趋势

#### 6.2.4.1　裂隙演化、孔隙压力增加阶段

煤层开采至5cm时，W1、W2位置处孔隙水压相继增大到0.01MPa，W2波动幅度较为剧烈，然而W3、W4和W5远离切眼，其数据基本不发生变化；煤层开采至10cm时，W1迅速增加到0.02MPa并保持稳定；W2传感器具有滞后性的变化特征，煤层开采至15cm时增到0.02MPa后波动变化，同时W3在开采至20cm发生变化，数值稳定在0.01MPa。

该阶段孔隙水压变化表明，底板受开采扰动影响，底板应力的变化引起岩体渗透性能改变。具体表现为：相比靠近底板破坏区域岩体，远离采场影响范围内的岩体渗透性变化具有滞后性；底板高渗透区分布具有不均匀性，高渗透区首先产生于开切眼下方，随开挖的进行，裂隙不断产生于开切眼下方，导致后采动区域下方岩体渗孔隙水压变化值相对较小，承压水较多的涌向裂隙较多区域。

#### 6.2.4.2 裂隙贯通、局部孔隙压力降低阶段

当煤层开采至 30cm 时，距离一定距离的底板岩体导水裂隙贯通现象明显(见图 6.10)，传感器 W1 传感器监测水压增加到 0.03MPa 并与承压水水压一致，W1 增加的同时 W2、W3 孔隙压力下降至 0.01MPa；煤层开采 35cm ~ 50m 时，W1 处保持 0.03MPa 水压的同时开采扰动影响范围波及至 W4、W5 铺设位置，W4、W5 相继监测到孔隙水压的变化，孔隙水压的增值未超过 0.01MPa。由于 W1 位置开采后期形成了范围较大的导水通道，该区域岩体渗透性能远大于其他监测位置，对承压水流动阻碍程度较小，造成其他监测区域孔隙压力减小。

#### 6.2.4.3 突水通道形成、整体孔隙压力降低阶段

煤层开采到 50cm 处时，承压水由煤层开切眼下方底板大量的涌出，底板下方已贯通的裂隙进一步扩张，突水通道随即形成，如图 6.11 所示。伴随突水的发生 W1 位置孔隙压力随即减小到 0.02MPa，其他孔隙压力传感器监测数据发生波动，当煤层开采到 55cm 时，贯通的导水裂隙扩展到 W2 位置，引起 W2 监测孔隙水压增加。因此，底板岩体受开采扰动影响应力变化明显，较大程度改变了完整底板的渗透性能，造成早期形成的裂隙产生贯通进而引发底板突水，如图 6.11 所示。

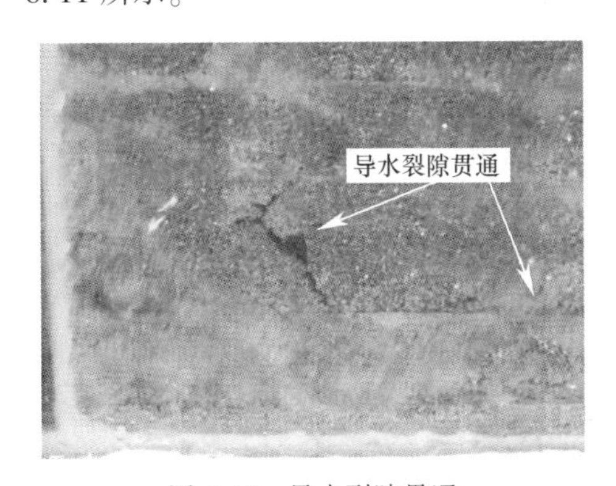

图 6.10 导水裂隙贯通

图 6.11 开切眼处发生突水

综上所述，可以清晰地看出完整底板缺陷裂隙扩展型突水通道形成过程，当工作面向前推进时，底板与承压水接触面原有的缺陷裂隙逐渐变得明显，承压水导升高度随之升高；当顶板初次来压时，煤层开切眼处底板下方出现向下延伸的纵向裂隙，导致裂隙水压升高；当推进至 50m 时，底板下方出现的纵向裂隙向下延伸，同时早期承压水上方缺陷裂隙区域形成具有一定范围的富水空间；随着时

间的进行，底板纵向裂隙与缺陷裂隙区域逐渐贯通，开切眼位首次出现突水点，进而进一步产生底板突水现象。

煤层采动的影响加速了底板缺陷裂隙带内裂纹的扩展、错动及贯通，同时承压水作用下裂隙相互贯通导致富水空间的形成，最终贯通底板产生的纵向裂隙，这成为完整底板缺陷裂隙突水的主要原因。从模拟结果可以清晰地看到突水通道的演化过程，结合第2章理论分析可知，完整底板缺陷裂隙扩展型突水模式及裂隙扩展导通判据具有可信度，即开采扰动和高承压水共同作用下缺陷裂隙扩展，导水裂纹与底板破坏区连接进而引发底板滞后性突水。

## 6.3 隐伏构造滑剪型突水通道形成模拟

### 6.3.1 隐伏构造滑剪型突水模型建立

#### 6.3.1.1 模型相似比确定

该试验以济北某煤矿的实际开采条件为研究背景[190,228]，该煤矿初次来压步距大小为17m，周期顶板来压步距为10m。根据济北矿区的实际资料，模拟的现场煤层采深为850m，采厚为2m，底板厚度为22m，含水层水压为3.28MPa，工作面有一条倾角为70°，落差为5m的断层。

依据相似模拟试验原则，物理模拟采场的尺寸需要满足一定设计要求，即采场边界煤柱、初次来压步距、三次周期来压3个宽度之和大于模拟采场尺寸。依据物理模拟试验台的尺寸，可以确定模型的主要相似比：几何相似比 $\alpha_L = 1/100$；时间相似比 $\alpha_t = \sqrt{\alpha_L} = 1/10$；容重相似比 $\alpha_\gamma = 1/1.5$；变形相似比 $\alpha_\varepsilon = 1$，$\alpha_u = 1$，$\alpha_E = \alpha_\sigma = \alpha_\gamma \alpha_L = 1/150$；渗透系数相似比 $\alpha_k = 0.1$。

#### 6.3.1.2 模型方案设计及传感器铺设

为方便研究隐伏构造对开采的影响，依据研究目的在模拟方案中部底板下方设置落差2m的隐藏断层构造。在以往学者的模拟中，模型中的断层在开采过程中在矿压和水压作用下难以自发产生明显的剪切或断裂滑移现象，为此本模型将隐伏断层设计为含有明显破碎区的充填断层。模型中隐伏断层选用断层相似模拟材料[23]制作，依据几何相似比可以确定隐伏缺陷断层落差2cm，底板构造突水试验模型如图6.12所示。模型上部和水平方向施加均布载荷模拟实际围岩的受力状态。模型前后采用有机玻璃进行位移约束，既能清晰地观察到试验过程中底板岩层的破坏和承压水沿裂隙的渗流情况，又能实现深部真实岩层的三维受力状态。

A 附加载荷设计

由试验台可知试验模型尺寸大小（长×高×深）为900mm×800mm×500mm，

由 6.3.1.1 节可知采场边界煤柱、初次来压步距、三次周期来压 3 个宽度之和大于模拟采场尺寸，结合实际矿井开采条件可以确定底板破坏推进最小距离为 65.7m，因此设计工作面推进至 65cm 后停止开采。隐伏构造滑剪型突水模型（见图 6.12）设计采深为 850m，底板岩层厚度为 60m，承压水模拟水压为 3.28MPa。由于最大铺设高度为 85.6cm，因此需要在模型上方施加额外压力用以模拟上覆岩层，利用相似模拟试验台中的伺服加载系统施加荷载实现应力补偿，则模型在垂直方向上施加额外载荷 $\sigma_h = \sigma_z/100 = 0.196\text{MPa}$，侧压力系数近似等于 1，则模型施加水平载荷 $\sigma_v = \sigma_h = 0.196\text{MPa}$。此外，根据模拟承压水水压和相似比计算模拟底板承压水水压为 0.03MPa，通过模拟试验台高水压加载系统持续供给相应的高压水。

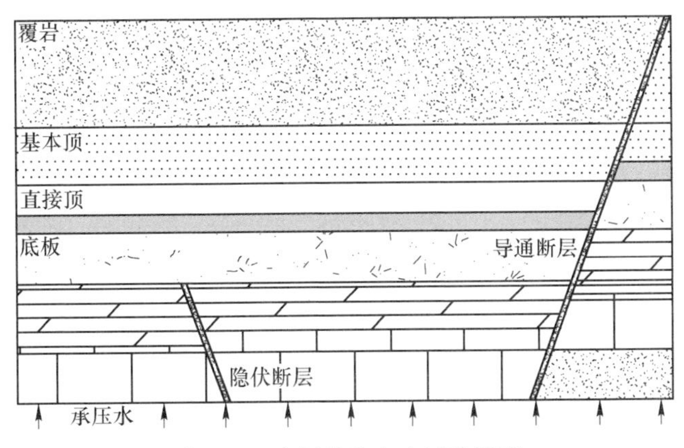


图 6.12　底板构造突水试验模型

B　传感器铺设

设计物理模型覆岩层厚度为 50m、煤层厚度为 2m，底板岩层厚度为 33.8m。模型底板岩层选用 6.1.2 节使用的非亲水固流耦合相似模拟材料，本模型顶板不涉及承压水的影响，因此选用常规相似材料模拟顶板岩层，顶底板各岩层中间铺撒云母粉分隔，具体参数见表 6.3。

**表 6.3　试验岩层材料配比及主要物理力学性能参数**

| 岩层名称 | | 模型厚度/cm | 累计厚度/cm | 配比号 | 抗压强度/MPa | |
|---|---|---|---|---|---|---|
| | | | | | 实际强度 | 模拟强度 |
| 顶板 | 粉砂岩 | 13.55 | 73.26 | 9：7：3 | 42.9 | 0.286 |
| | 灰岩 | 3.58 | 59.71 | 8：6：4 | 91.6 | 0.610 |
| | 泥岩 | 5.65 | 56.13 | 8：7：3 | 62.7 | 0.418 |
| | 灰岩 | 1.63 | 50.48 | 8：6：4 | 91.6 | 0.610 |

续表 6.3

| 岩层名称 | | 模型厚度/cm | 累计厚度/cm | 配比号 | 抗压强度/MPa | |
|---|---|---|---|---|---|---|
| | | | | | 实际强度 | 模拟强度 |
| 顶板 | 砾岩 | 15.00 | 48.85 | 8∶7∶3 | 25.2 | 0.168 |
| | 粉砂岩 | 4.94 | 33.85 | 8∶7∶3 | 25.2 | 0.168 |
| | 泥岩 | 2.20 | 28.91 | 8∶7∶3 | 62.7 | 0.418 |
| | 灰岩 | 2.70 | 26.71 | 8∶6∶4 | 91.6 | 0.610 |
| 煤层 | 16 煤 | 2.01 | 24.01 | 8∶6∶4 | 12.8 | 0.085 |
| 底板 | 粉砂岩 | 1.37 | 22.00 | 15∶1.2∶0.9 | 42.9 | 0.286 |
| | 泥岩 | 2.12 | 20.63 | 15∶1.6∶0.8 | 62.7 | 0.418 |
| | 粉砂岩 | 3.56 | 18.51 | 15∶1.2∶0.9 | 42.9 | 0.286 |
| | 泥岩 | 3.26 | 14.95 | 15∶1.6∶0.8 | 62.7 | 0.418 |
| | 粉砂岩 | 2.14 | 11.69 | 15∶1.2∶0.9 | 42.9 | 0.286 |
| | 灰岩 | 3.20 | 9.55 | 15∶1∶1 | 91.6 | 0.610 |
| 煤层 | 17 煤 | 3.80 | 6.35 | 15∶1.6∶0.8 | 12.8 | 0.085 |
| 断层 | 充填物 | 2.00 | 2.00 | 8∶6∶1∶2 | — | — |

C 应力传感器的布设

利用 BX-1 土压力传感器监测开采过程中底板地应力变化特征，设计最大量程为 2.5MPa。实验数据由 DH-3816N 静态应变测量系统采集，采样速率为 60 点/秒，应变敏感系数为 1~3。在煤层底板泥岩和粉砂岩层之间布置 4 个传感器 B2、B4、B5 和 B6，传感间距为 15cm，距底板厚度为 3.4cm；在隐伏构造附近布置 4 个应力传感器，压力传感器距构造边界 2cm，传感器具体布置位置如图 6.13 所示。

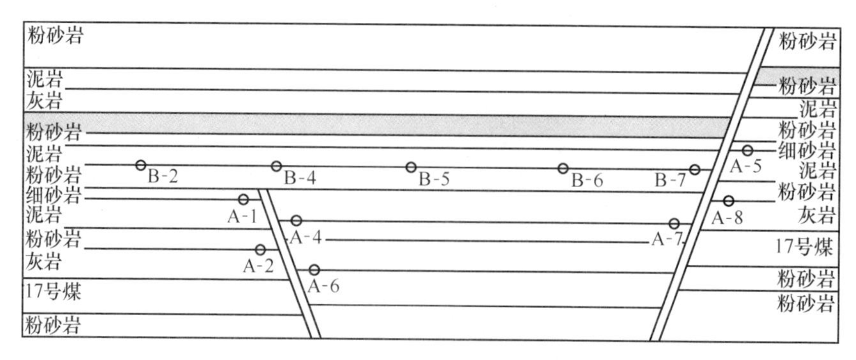


图 6.13 底板应力传感器布设图

#### 6.3.1.3 物理模拟试验步骤

物理模拟试验步骤如下。

（1）模型铺设前期准备。铺设模型需按照模型设计要求调试底板突水相似模拟试验系统，将水箱上方密封橡胶垫圈放置于试验台内嵌 5mm 的凹槽内并进行加密处理；试验台两侧涂抹润滑油，减小覆岩运动过程中试验台摩擦对试验效果的影响，将设计尺寸的有机玻璃板安置于试验台中，并在接触部位涂抹封胶进行密封处理。

（2）铺设模型过程。

1）根据固流耦合相似材料的制作方法，大比例配置相似模拟材料。

2）按照各分层尺寸自下而上进行铺设材料，由于导通断层上方三角部位铺设难度较大，因此在铺设过程中省略导通断层上方三角部位的铺设。

3）根据试验需要，在模型底板岩层布设应力传感器，对模拟岩层间铺撒云母粉，并夯实各层相似模拟材料。

4）相似模拟材料铺设完毕后，施加外部载荷，对模型进行压实，提高密实度。

5）将模型放置 3~5d，进行室温养护，室温养护一周后加载预置水压，开始煤层的开挖并记录试验数据。

### 6.3.2 隐伏构造突水通道形成过程分析

承压水水压加载稳定后，在试验台反面透过有机玻璃可观察到模型底部岩层有承压水导升痕迹，如图 6.14 所示。由承压水导升带高度可知，在隐伏构造和导通断层承压水上升的高度大约为 6cm，不含地质构造的承压水导升高度大约为 3cm，这与“下三带”理论相符，说明地质构造内的原生裂隙及承压水含水层上方裂隙对高承压水均具有明显的导水作用。

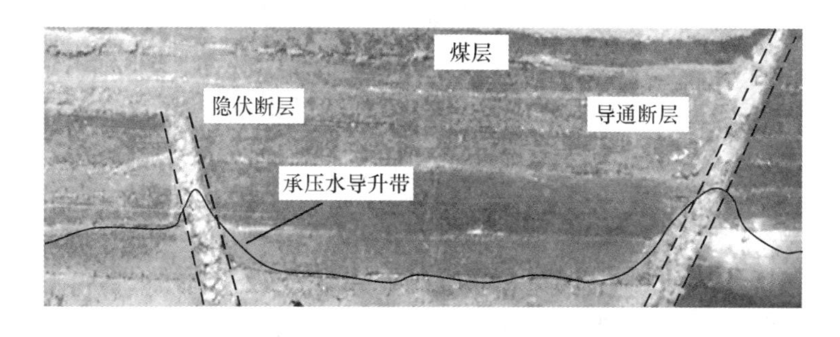


图 6.14 承压水导升带分布示意图

#### 6.3.2.1　突水通道萌生阶段

煤层开采至20m时，顶板发生初次来压，隐伏断层受承压水的影响内部原有的细小裂隙扩展并发生贯通，如图6.15所示，透过有机玻璃板清晰地看出，开挖20m后断层围岩裂隙被染色且范围相比开采前增大。断层附近岩体因应力集中产生羽状排列的张剪节理，节理的产状不稳定，断层岩体由黏结状态变为断开状态，渗透性大大增强，极容易发生活化突水。

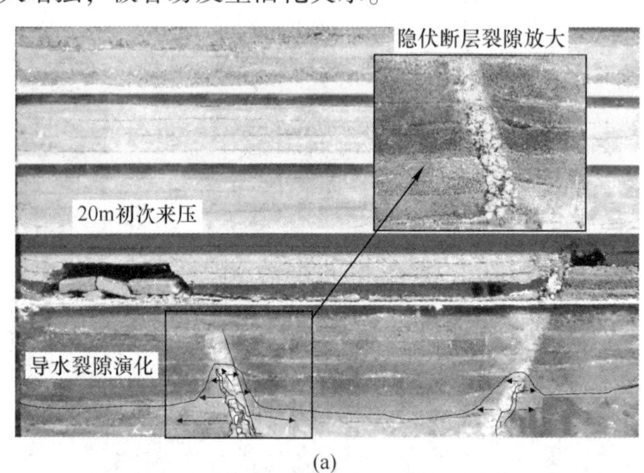


(a)

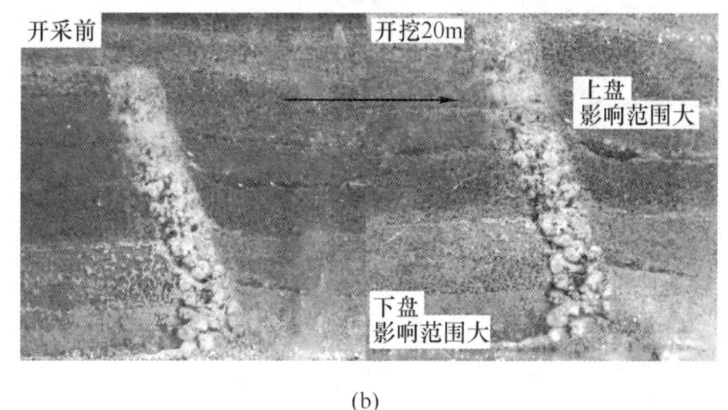


(b)

图6.15　隐伏断层裂隙演变趋势

(a) 模型整体水压分布图；(b) 隐伏断层演化对比

#### 6.3.2.2　突水通道演化阶段

开采到25m时，顶板周期来压，承压水导升高度与隐伏断层的最高处相平，隐伏断层底部裂隙宽度达到最大值。开采到30m时，在隐伏断层正上方底板存在明显的裂隙贯通区和较为明显的横竖向裂隙，同时底板的绿色承压水逐渐显现于顶板岩层中，染色显现的位置位于隐伏断层的正上方。随着开采的继续（35m），直接顶出现溃落涌出的现象，如图6.16所示。

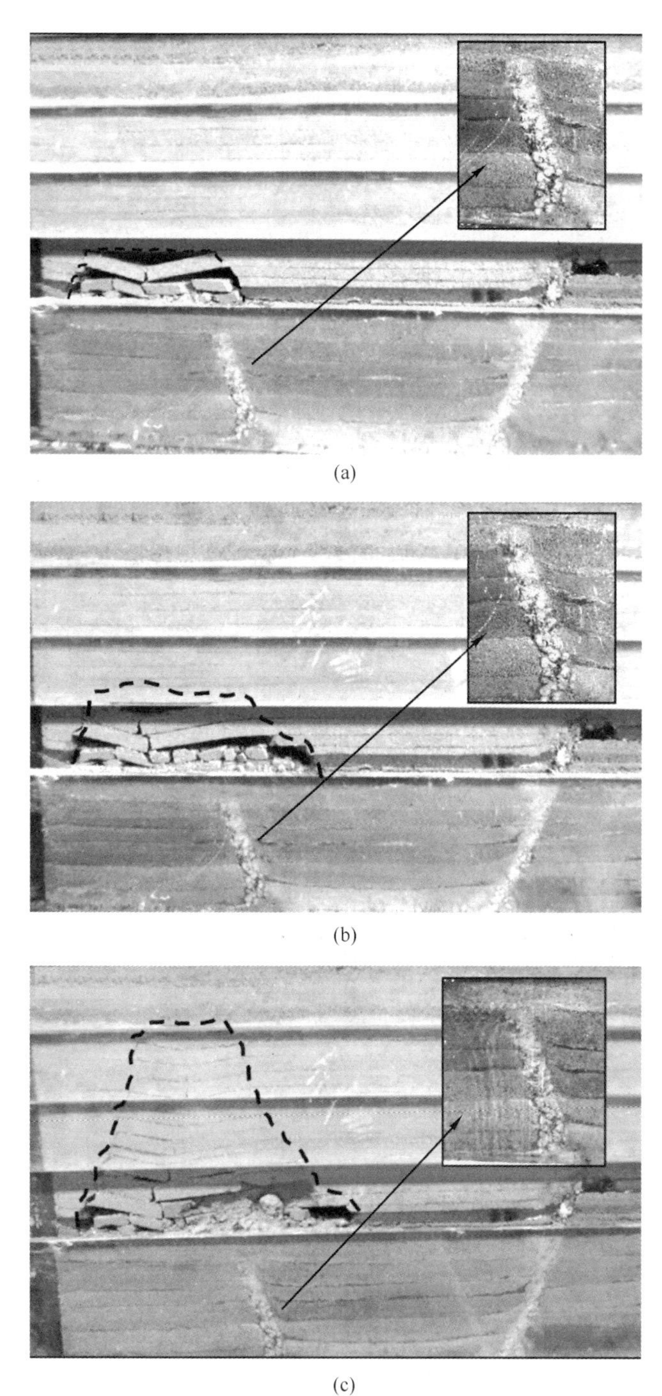

(a)

(b)

(c)

图 6.16 开采 25~35m 变化趋势图

(a) 开采 25m；(b) 开采 30m；(c) 开采 35m

#### 6.3.2.3　突水通道贯通阶段

当工作面推进至 40m 时，在工作面后方 20m 左右采空区中部，即隐伏断层正上方，首先出现较小的突水点，并不断涌水，隐伏断层上方底板部分砂石随水流出，如图 6.17 所示。随着突水通道的不断扩大、演化，突水点的不断增加，采场突水量进一步加大，将顶板垮落岩石冲出，最终演化成突水灾害，本节将此突水现象称之为最小阻力突水原则，即采空区突水点的位置与断层上端部最高点位置距离最近原则，也可以称为最小路径原则。

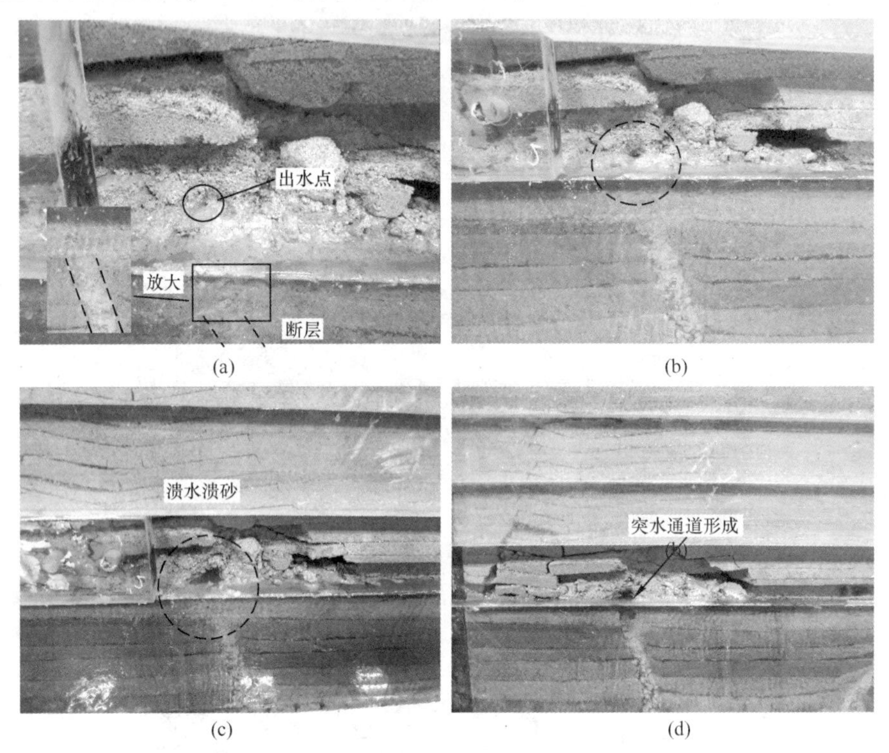


图 6.17　突水通道形成过程

（a）出水点形成；（b）涌水量增大；（c）溃水溃砂；（d）突水通道形成

底板断层扩展演化及导水通道模型可直观地展现隐伏构造突水通道萌生导致时空演变过程，试验发现，在工作面后方 20m，采空区中部产生于隐伏构造断面垂直贯通的通水通道，验证了隐伏缺陷构造滑剪型突水判据的准确性。

### 6.3.3　底板应力变化特征分析

#### 6.3.3.1　突水通道萌生阶段

煤层开切眼时直接顶随采随落，此时底板隐伏断层和水压的分布状态并没有明显变化，隐伏断层底部由于受承压水的影响，产生部分微裂隙且有向上发展的趋势，如图6.17所示。当煤层开采至工作面推进到10m时，应力传感器B-2监测数据如图6.18所示。开切眼后两侧煤层下方底板岩体处于支承压力增高区，监测数据显示应力出现增高的现象。同时，开切眼下方承压水导升带的高度缓慢增加，隐伏断层裂隙进一步得到扩展。煤层开采后底板岩体应力重新分布，在两边煤壁前、后支承压力的作用下造成底板应力集中，在开切眼附近形成压力升高区。由于采矿活动的影响，打破了原有的应力平衡，高承压水对底板岩体也产生相应顶托作用，一定情况下，会对底板下界面岩体产生损伤，有利于原有裂隙的扩展。

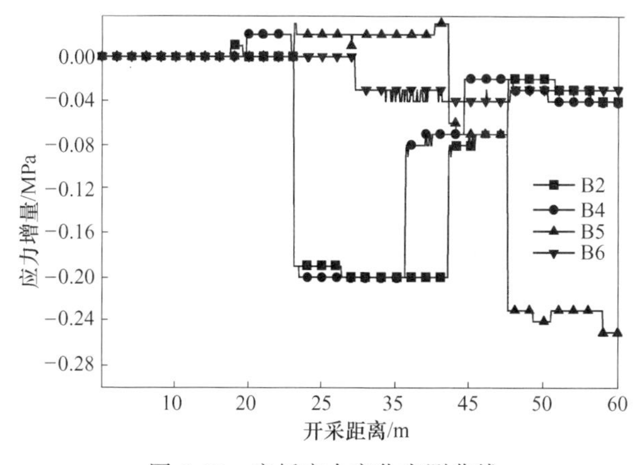


图6.18 底板应力变化实测曲线

当工作面由15m推进至25m时，底板应力、隐伏断层水位线及裂隙发育情况出现急剧变化，相对具有一定规律，如图6.18中B-2及B-4点所示。由B-2测点显示，开切眼处底板应力继续增大，当在工作面推过后，应力开始由急剧变小呈现卸载状态，同时，B-4测点当工作面推进时，应力开始增大。监测表明，底板应力升高区随着工作面向前推进，也不断前移；同时在采空区底板应力开始减小，出现卸压状态。工作面推进至20m左右时，采场顶板出现裂隙顶板初次来压，此时底板断层并未受到初次来压的影响。

#### 6.3.3.2 突水通道演化阶段

突水通道演化阶段底板应力曲线波动不大，结合B-4、B-5测点应力变化规律并与B-2测点应力最大值进行比较可知，前期工作面推进底板破坏深度已达到最大，将不再向下发展，但底板水平方向在破坏带出现裂隙的沟通与扩展。应力传感器B-2监测数据如图6.18所示。开挖至35m处监测数据显示应力出现增高的现象，这说明采空区顶板岩层与底板已经压实，传感器经历加载-卸载之后再次加载，同时 B-5 处于支撑压力区，出现一定应力增加趋势。

#### 6.3.3.3　突水通道贯通阶段

当工作面推进至 40m 时，在工作面后方 20m 左右采空区中部，即隐伏断层正上方，首先出现较小的突水点。由底板应力变化趋势可知 B-2 和 B-4 不再产生应力的变化，B-2 与 B-4 应力增量趋近于 0。当突水通道形成瞬间监测点 B-5 和 B-6 应力发生急剧变化，受水的影响采空区内部岩石丧失其强度，使得该处应力存在明显降低趋势。工作面继续向前推进，压力传感器 B-5 监测显示，中间区域测点持续处于减压状态，远离断层处水压急剧出现减压，水量进一步增大，突水点处的涌水量增大，承压水夹杂相似模拟材料不断冲刷出模型。

### 6.3.4　隐伏构造围岩应力变化特征分析

#### 6.3.4.1　突水通道萌生阶段

应力传感器 A-1、A-2 位于隐伏断层下盘位置，且 A-2 靠近承压水层，A-1 靠近采空区；A-4、A-6 位移隐伏断层上盘位置，A-4 靠近开采煤层，A-6 靠近底板承压水含水带。工作面由 15m 推进至 25m 时，由监测数据可以看出（见图 6.19），断层下盘应力监测数据（A-1、A-2）与上盘数据（A-4、A-6）有着不同的趋势，开采 15m 前 A-1 与 A-2 均发生卸载，应力降低，两者变化趋势相同；A-4与 A-6 有相同的变化趋势，随着开采距离的增加应力逐步降低且具有一定的规律。监测数据表明：煤层的开采对在隔水层内部的应力传感器不产生影响，承压水成为传感器卸载的主要影响因素；断层上下盘围岩应力变化趋势不一致，承压水对下盘的影响范围大于对上盘的影响。

#### 6.3.4.2　突水通道演化阶段

开采到 30m 处时，在隐伏断层正上方底板存在明显的裂隙贯通区，存在较为明显的横竖向裂隙，同时底板的蓝色承压水逐渐显现于顶板直接顶中，蓝色显现的位置位于隐伏断层的正上方。随着开采的继续，直接顶出现溃落涌出的现象，如图 6.17 所示，说明由于顶板材料为亲水材料在水中无法保证其强度，底板承压水通过渗流形式透过底板进入采空区。由监测数据可以看出（见图 6.19），断层下盘应力监测数据（A-1、A-2）与上盘数据（A-4、A-6）四点数据存在相反的变化趋势；A-2 应力增加幅度大于 A-1，A-4 与 A-6 应力均减小。监测数据表明：受开采扰动及承压水共同作用影响，靠近承压水含水层岩层层流不再发生较大的变化，但由于流向采空区的水增加，作用于断层围岩的水压力减小。此时，由于承压水导升高度及对底板破坏程度的进一步加大，底板采动裂隙即将与承压水导

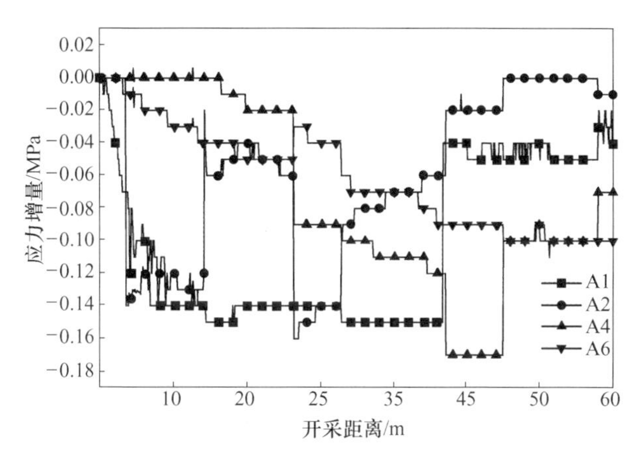


图 6.19 隐伏断层应力变化实测曲线

升破坏裂隙沟通，形成突水通道。

#### 6.3.4.3 突水通道贯通阶段

应力传感器 A-1、A-2 位于隐伏断层下盘位置，A-4、A-6 位移断层上盘位置，推进至 40m 处时，由监测数据可以看出，断层下盘应力监测数据（A-1、A-2)与上盘数据（A-4、A-6）有着不同的趋势，A-1 与 A-2 应力相对增加，两者变化趋势相同；A-4 与 A-6 有出现应力卸载的趋势。监测数据表明：突水发生之前断层岩石对下盘岩石的影响大于上盘岩层，即上盘岩层受力变化具有相对下盘的滞后性；受采空区突水的影响，水压力得到释放，下盘的层流现象降低甚至消失，上盘则出现相反的现象，如图 6.20 所示。

图 6.20 突水通道形成过程

## 6.4　构造导通型突水通道形成模拟

### 6.4.1　构造导通型突水模型建立

由第2章理论分析可知，构造导通型突水模式可描述为在采动影响下构造发生活化引发局部裂隙扩展，使得保护煤柱底板压缩区与裂隙发生沟通引发突水。对构造导通型突水模式的探讨，本书不再创建新的物理模型，借用隐伏构造滑剪型突水模型中导通断层围岩裂隙的变化特征和应力变化进行初步分析，进而探究突水机理并验证突水判据的可靠性。

该模型与6.3节隐伏构造滑剪型突水模型使用同一个模型[190]，即以济北某煤矿的实际开采条件为研究背景[228]，模拟的现场煤层采深为850m，采厚为2m，底板厚度为22m，含水层水压为3.28MPa，工作面有一条倾角为70°，落差为5m的断层。

模型中导通断层选用断层相似模拟材料进行制作，依据几何相似比可以确定导通断层落差为5cm，模拟岩层参数详见表6.3，具体试验模型参见底板构造突水试验模型（见图6.12）。在导通断层附近布置4个BX-1土压力传感器，压力传感器距构造边界2cm，传感器具体布置位置如图6.13所示。

### 6.4.2　导通断层裂隙演化特征及应力变化分析

#### 6.4.2.1　断层裂隙演化特征分析

模拟试验台加载水压稳定后，透过有机玻璃可观察模型底部有承压水导升痕迹，开采20m顶板初次来压（见图6.21（a）），隐伏断层裂纹扩展明显，引起承压水导升带高度增大，同时导通断层内部裂纹出现明显的导水裂隙，围岩出现小范围的层流现象，但是相比前者导通断层活化较弱。由图6.21（b）及6.21（c）对比发现，开挖后产生扰动应力场并未对较远处的大断层产生明显影响，导通断层承受承压水的影响程度明显小于隐伏断层且仅表现出局部冲刷的特征。

随着煤层继续开挖，隐伏断层的上盘在剪应力的作用下出现了一条平行于断层方向的剪切裂隙，随后产生了大量的竖向裂隙并裂衍生出许多较小的裂隙。煤层开挖结束后，导通断层上盘和下盘附近岩层在应力的作用下已产生明显的破坏，而且在导通断层附近的岩层形成了区域性的破碎带，然而该破碎带并没有相交于底板破坏带，虽然导通断层围岩裂隙与停采线下方的细微小裂隙贯通，但开采工作面并未产生突水现象，如图6.21（d）所示。

综上可知，开采至45m时，隐伏断层首先产生突水通道，随着开采的进行，突水量逐渐增大，进而导致底板其他区域的水压下降；导通断层受隐伏断层突水的影响，高压水的作用程度减少，在矿压和水压的影响下导通断层最终未与煤层

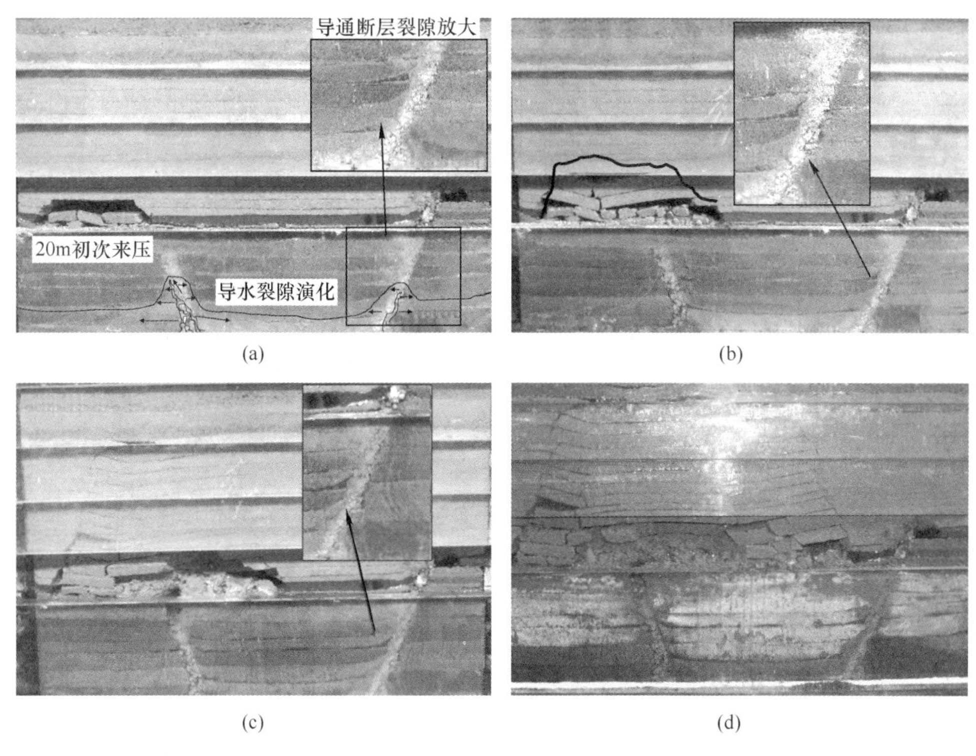


(a) (b) (c) (d)

图 6.21 导通断层裂隙演化过程
(a) 开采 20m；(b) 开采 30m；(c) 开采 45m；(d) 开采结束

底板破坏带裂隙导通，未发生导通断层突水，该现象与完整底板缺陷裂隙突水模拟试验中孔隙水压传感器监测结果相似。

6.4.2.2 断层围岩应力变化特征分析

图 6.22 为导通断层下盘应力监测传感器数据变化曲线，其中，模拟断层的上盘处的 A-5、A-8 传感器在开采过程中造成了破坏，未能采集到试验数据。由传感器位置可知 A-7 靠近底板承压水带，B-7 靠近煤层底板一侧，从图 6.22 可以清晰看出，在突水通道导通之后 A-7 数据波动程度大于 B-7 传感器，说明突水通道形成较大程度影响其他区域承压水的分布，使得承压水影响围岩范围内应力变化明显。开采 25m 前两传感器均未发生明显变化，说明此处未受到开采扰动及突水通道形成的影响；开采 45m 突水通道形成之后，导通断层围岩出现明显的卸压状态。

### 6.4.3 导通断层突水通道形成过程分析

由 6.4.2 节实验结果可知导通断层受隐伏断层突水的影响，高压水的作用程

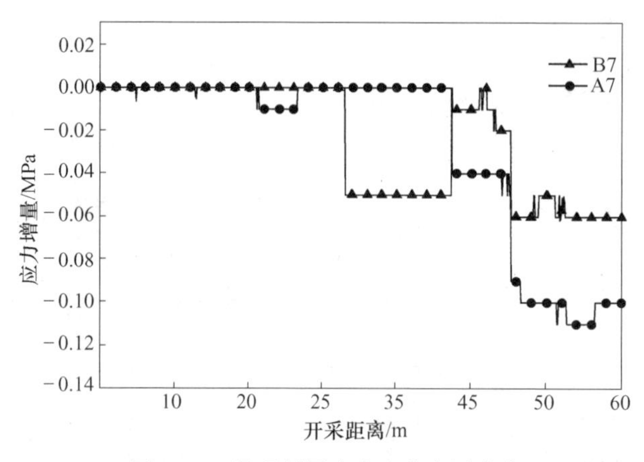


图 6.22　导通断层应力变化实测曲线

度减少，在矿压和水压的影响下导通断层最终未与煤层底板破坏带裂隙导通，未发生导通断层突水。本书前期参与文献[229]、[230]开采底板破裂与裂隙扩展演化相关试验研究工作，试验结合构造导通型突水机理分析在贯穿煤层的断层导通承压水过程中，断层围岩裂隙和底板破坏区相互贯通后工作面底板突水通道的形成过程。

试验模拟现场[3]开采煤层上覆岩层厚度为800m，采高为2m，承压水上底板岩层厚度为22m，含水层水压为3.28MPa，工作面中部含有一条导通底板的断层，倾角为70°，落差为2m，走向长壁开采煤层。试验模型尺寸与隐伏构造滑剪型突水模型相同，如图6.23所示。物理模型几何相似比为100，容重相似比为1.5，渗透系数相似比为10，垂直方向载荷为0.13MPa，水平方向载荷为0.13MPa，模拟水压为0.03MPa。试验过程模型底板岩性参数及材料配比见表6.4。

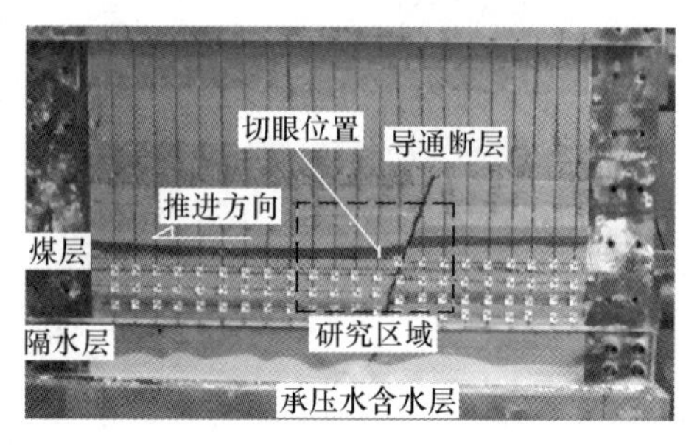


图 6.23　构造导通突水模型

**表 6.4　物理模拟岩性参数及材料配比**

| 岩层 | 弹性模量/GPa | 泊松比 | 内摩擦角/(°) | 渗透系数/$10^{-19}m^2$ | 配比 | 厚度/cm |
|---|---|---|---|---|---|---|
| 煤层 | 12 | 0.25 | 20 | — | 砂：水泥：石膏<br>(8：6：4) | 2.01 |
| 粉砂岩 | 34 | 0.35 | 39 | 4.7 | SCCV（砂子：碳酸钙：石蜡；凡士林）<br>18：1：1.2：1.9 | 1.37 |

续表 6.4

| 岩层 | 弹性模量/GPa | 泊松比 | 内摩擦角/(°) | 渗透系数/$10^{-19}m^2$ | 配比 | 厚度/cm |
|---|---|---|---|---|---|---|
| 泥岩 | 23 | 0.30 | 35 | 3.5 | SCCV 12 : 1.8 : 1.2 : 0.6 | 2.12 |
| 粉砂岩 | 34 | 0.35 | 39 | 4.7 | SCCV 18 : 1 : 1.2 : 1.9 | 2.51 |
| 粉砂岩 | 34 | 0.35 | 39 | 4.7 | SCCV 18 : 1 : 1.2 : 1.9 | 1.05 |
| 泥岩 | 23 | 0.30 | 35 | 3.5 | SCCV 12 : 1.8 : 1.2 : 0.6 | 3.26 |
| 粉砂岩 | 34 | 0.35 | 39 | 4.7 | SCCV 18 : 1 : 1.2 : 1.9 | 2.14 |
| 泥岩 | 23 | 0.30 | 35 | 3.5 | SCCV 12 : 1.8 : 1.2 : 0.6 | 3.20 |

注：SCCV 指砂子、碳酸钙、石蜡、凡士林。

图 6.24 为在煤层开采过程中距离煤层底板不同深度处导通断层上下盘围岩应力差监测值。从图 6.24 中可以清晰看出，当煤层开挖 22cm 时，煤层上覆岩层垮落造成超前支承压力影响断层围岩体，进而相比原岩产生应力差，为断层内部裂隙和底板岩层裂隙扩展提供了条件。距离煤层底板 1.37cm 处岩层最大应力差达到 0.07MPa；距离煤层底板 6cm 和 10.3cm 处岩层受到的最大应力差分别为 0.04MPa 和 0.05MPa；因此可知，距离煤层底板越近，导通断层上下盘岩体应力变化程度值越大，进而导通断层发生活化造成突水裂纹贯通的可能性较高。

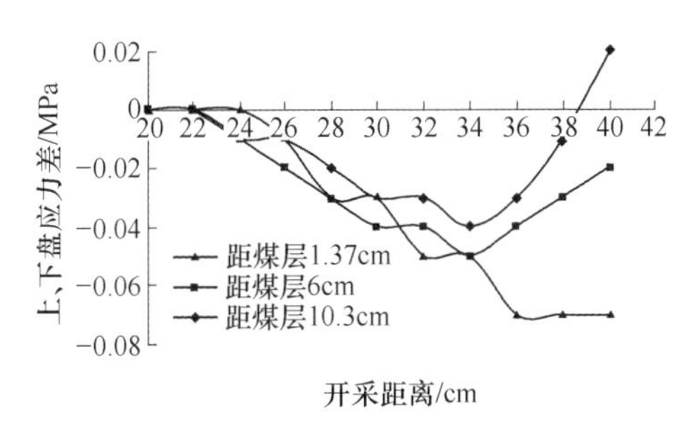


图 6.24 不同深度断层上下盘岩体应力差[214]

图 6.25 为工作面开采结束后导通断层裂隙的扩展贯通状态。为方便进行观察在图 6.25 中进行标记，导通断层上盘岩体在地应力和高水压作用下形成明显的破碎带，而且局部围岩已处于破损状。导通断层上盘围岩与底板破坏带之间产生了两条较为明显的裂纹 A1、A2。A1 形成时间早于 A2，A1 在初次来压之前产生，受开挖扰动和高水压影响靠近采空区一侧的断层产生局部活化，围岩出现裂隙扩张；工作面停采一段时间后，在 A1 裂纹的基础上进一步扩展形成 A2 裂纹，A2 裂纹与最终采空区底板破坏带裂纹相互连接，在开切眼附近出现渗水，导通断层内部裂隙与围岩细微小裂隙彼此相互贯通，最终导致承压水突水通道的形成。结合第 2 章构造导通型突水判据可知，受采动影响下断层局部区域发生扩

张，产生的裂纹与底板连通裂隙发生贯通导致突水事故的发生，因此该试验进一步验证了该构造导通型突水模式的合理性。

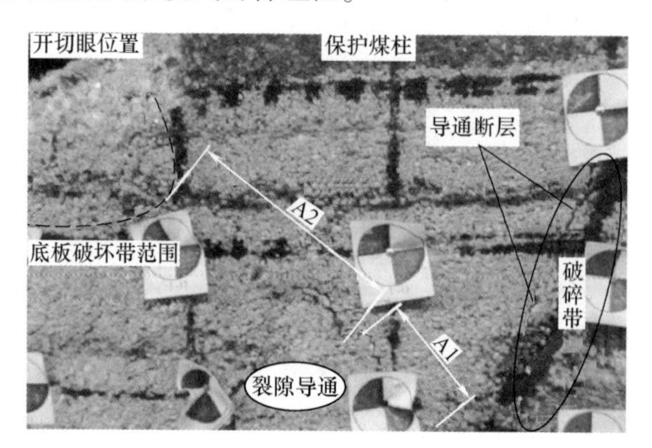


图 6.25　突水通道演化过程

## 6.5　“一防一测一注”缺陷构造突水精确防治措施

由试验研究可知，缺陷构造突水失稳活化成为突水通道形成的主要因素，因此，本节针对缺陷构造的赋存特点提出针对缺陷构造“一防一测一注”突水防治措施。“一防”指设置防隔水煤（岩）柱，“一测”指在缺陷构造附近完整围岩安置传感器（应力传感器、位移传感器等）监测失稳过程中缺陷构造附近围岩物理信息，“一注”指以构造突水通道为对象采用注浆加固措施。

### 6.5.1　防隔水煤（岩）柱留设

留设防隔水煤（岩）柱是防范底板突水的主要方法，《煤矿防治水规定》[215]第五十二条之三规定：“与富水性强的含水层间存在水力联系的断层、裂隙带或者强导水断层接触的煤层”，应当留设防隔水煤（岩）柱。由第 2 章和第 5 章可知，将缺陷构造突水模式划分为完整底板裂隙扩展型、隐伏缺陷构造滑剪型和缺陷构造导通型，依据 3 种突水构造活化机理并结合《煤矿防治水规定》开展留设防隔水煤（岩）柱的探讨。

#### 6.5.1.1　底板裂隙缺陷防隔水煤（岩）柱

煤（岩）柱的留设范围须以防止底板破坏带导通含水层水体，或者与导水底板裂隙缺陷贯通。底板安全防隔水安全煤（岩）柱留设方法如图 6.26 所示。

A　无含水层导升带的底板条件

设计底板防隔水安全煤（岩）柱厚度 $h_a$ 与底板破坏带高度 $h_1$、隔水带厚度

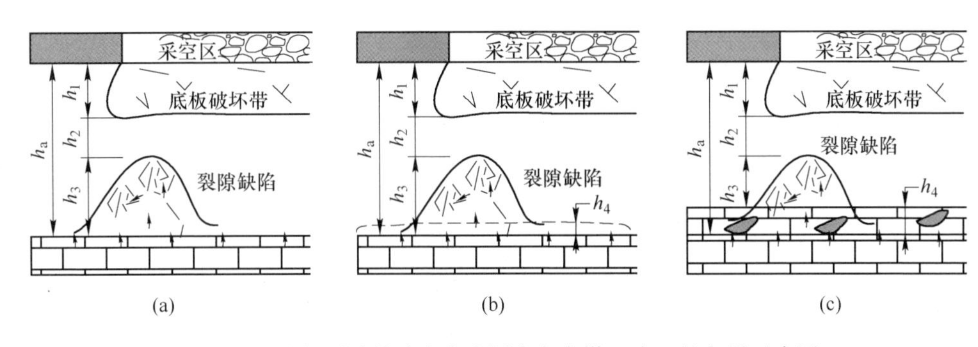


图 6.26 底板裂隙缺陷安全防隔水安全煤（岩）柱留设示意图

（a）无含水层导升带的底板条件；（b）存在含水层导升带；（c）含水层上方存在充填隔水带

$h_2$、缺陷裂隙群厚度 $h_3$ 之间应满足如下关系，如图 6.26（a）所示。

$$h_a \geqslant h_1 + h_2 + h_3 \tag{6.8}$$

B 存在含水层导升带

当承压含水层上方存在导升带时，设计底板防隔水安全煤（岩）柱厚度 $h_a$ 与底板破坏带高度 $h_1$、隔水带厚度 $h_2$、缺陷裂隙群厚度 $h_3$ 和承压水导升带高度 $h_4$ 之间应满足如下关系，如图 6.26（b）所示。

$$h_a \geqslant h_1 + h_2 + h_3 + h_4 \tag{6.9}$$

C 含水层上方存在充填隔水带

当底板含水层上方存在被泥质物质充填具有稳定后的隔水带时，设计底板防隔水安全煤（岩）柱厚度 $h_a$ 与底板破坏带高度 $h_1$、隔水带厚度 $h_2$、缺陷裂隙群厚度 $h_3$ 和充填隔水带厚度 $h_4$ 之间应满足如下关系，如图 6.26（c）所示。

$$h_a \geqslant h_1 + h_2 + h_3 + h_4 \tag{6.10}$$

### 6.5.1.2 隐伏缺陷构造防隔水煤（岩）柱

由第 2 章理论分析可知，在采动活动影响下，当隐伏构造端部层面上的切应力大于隐伏构造端面的抗剪强度时，构造上方岩层产生破坏产生裂纹，造成活化突水。张金才[216]研究了工作面底板岩石的附加应力分布特征，表明底板垂直应力主要的影响范围为 6.25 倍载荷作用宽度[217]（用 $L$ 表示），水平应力影响范围为 $1.5L$，剪应力的影响范围为 $2L$，则防隔水煤柱的有效距离应大于 $2L$。依据现场矿井实际研究结果，支承应力峰值距离煤壁的距离 $x_a$ 最大为 $3.5h$（$h$ 为采高），则 $L = 2x_a = 7h$ 。

设计底板防隔水安全煤（岩）柱厚度 $h_a$ 与底板破坏带高度 $h_1$、隔水带厚度 $h_2$、缺陷构造导水高度 $h_3$ 之间应满足如下关系，如图 6.27 所示。

$$h_a \geqslant h_1 + h_2 + h_3 \geqslant 14h \tag{6.11}$$

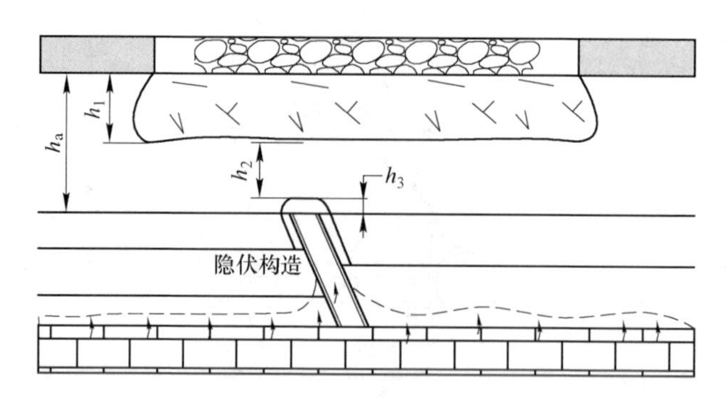


图 6.27　底板隐伏缺陷构造安全防隔水安全煤（岩）柱留设示意图

#### 6.5.1.3　导通缺陷构造防隔水煤（岩）柱

当煤层位于含水层上方且缺陷构造导水情况下，防隔水煤（岩）柱设计方法一般按照煤层底部隔水层能否承受含水层水压力和承压水在顺煤层方向上的压力分别计算煤柱的宽度，并取其中较大数值。当考虑底部压力时，应使得煤层底板到构造之间的垂直距离大于安全煤柱的高度 $h_a$ 的计算值，如图 6.28 所示，计算结果取值大于等于 20m，其计算公式为：

$$L = \frac{h_a}{\sin\alpha} \geqslant 20 \tag{6.12}$$

式中，$\alpha$ 为构造倾角，(°)。

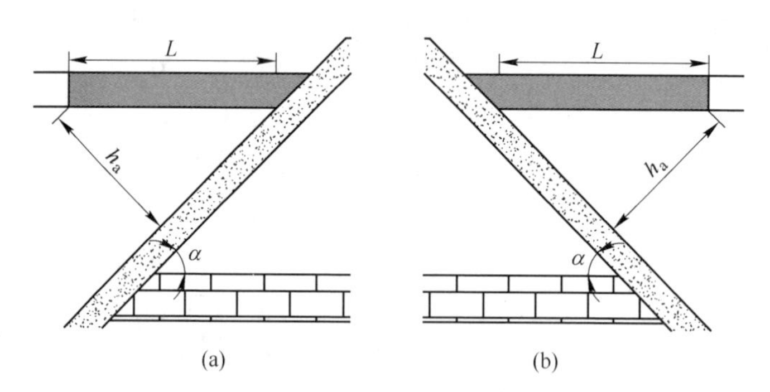


图 6.28　断层安全防隔水安全煤（岩）柱留设示意图

### 6.5.2　缺陷构造失稳监测预警方法

由第 3 章缺陷岩体失稳过程破坏特征和第 4 章大尺寸含缺陷岩石加载破坏可以看出，缺陷岩体并不是孤立存在的，相对的强段和弱段只是岩体的局部区域，岩体运动受多个局部区域的共同控制，因此缺陷岩体发生失稳破坏过程中会对外界表现出不同形式的物理信息的改变，如应变、应力和声发射特征的变化。煤层开采过程中，采用传感器捕捉开采过程中缺陷构造释放的物理信息，成为监测和预防缺陷构造活化突水的有效手段。

#### 6.5.2.1 缺陷构造失稳信息监测可行性

突水相关信息的可监测性[218]是矿井开采煤层底板突水监测及预警相关问题研究的技术基础，也是实现对底板突水防治研究中首先需要回答的问题和亟需解决的问题。对于缺陷构造失稳信息监测可行性是指利用可行的监测手段获取突水通道形成和发展过程中具有代表性的物理参数信息，这些物理参数的变化进一步反映突水发生前兆信息。在矿井开采过程中，缺陷构造受开采活动和水压的影响下发生失稳活化，其自身与围岩应力场和应变场也随之发生相应的改变和调整，同时耦合作用下围岩产生新的裂隙并进一步发生扩展，造成裂纹扩展过程中声发射、微震事件的产生。

A 应力特征

应力变化是反映缺陷构造围岩发生破坏的重要指标，煤层底板相关区域岩体应力场中任意一点的应力值随构造活化程度不断发生变化。由底板分段注水试验可知，应力小于原岩应力时钻孔漏失量会出现增加趋势，围岩应力值越小钻孔漏失量越大，尤其在裂隙网中岩体应力值较低漏失量越大。从上述应力和漏失量的关系可以看出，岩体内部应力与导水性能具有此消彼长的关系。因此通过观测工作面开采过程中缺陷构造围岩应力状态的实际测量结果，可以反映采动条件下缺陷构造失稳活化程度。

图 6.29 为缺陷构造失稳至突水破坏过程应力变化示意图，其中包含两种岩体内部应力变化缺陷，应以表明缺陷构造失稳过程中释放的应力变化前兆信息。缺陷构造失稳至突水破坏过程按照应力随时间变化过程可以分为 4 个阶段：Ⅰ构造稳定期；Ⅱ构造反应期；Ⅲ构造活化期；Ⅳ构造失稳破坏期。

第 1 阶段，数据 1 和数据 2（见图 6.29）应力基本不发生变化，基本稳定在 0，说明缺陷构造在该阶段并未受到开采扰动影响；第 2 阶段，两组数据应力逐渐降低，说明围岩内部逐渐出现裂纹的产生和扩展，构造已趋于变化；第 3 阶段，该阶段应力突然发生变化，突然降低或者剧烈波动变化，该阶段预示缺陷构造进入全面活化，释放的物理场信息预示缺陷构造即将发生失稳突水，因此当传感器监测数据产生该阶段应力变化特征，则须提出构造突水警报；第 4 阶段，突水通道逐渐形成导致岩体破坏，造成部分区域受突水通道影响应力急剧降低，部分区域岩体保持完整性造成该区域应力稳定。

B 应变特征

应变是一种可以度量岩石变形程度的物理信息，应变值的改变量反映了岩体

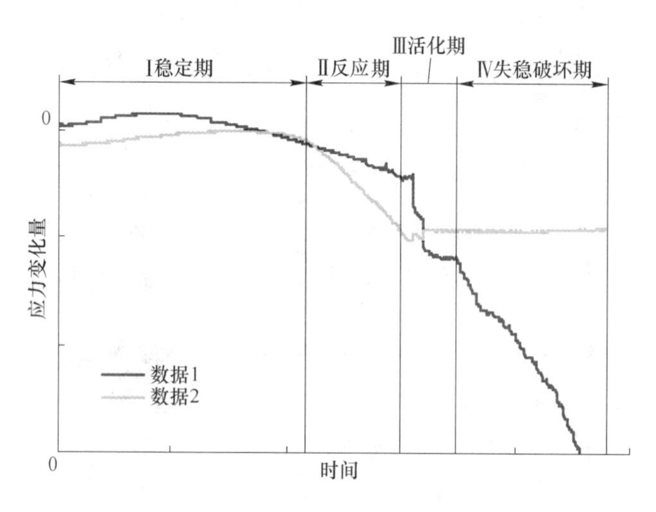


图 6.29　应力变化示意图

的破坏程度和形变的强弱，随着缺陷构造的活化完整岩体部分发生裂隙的产生或扩展，通过埋设在距缺陷构造不同距离应变传感器的监测值的变化，进而侧面反映岩体移动或变形的程度。因此通过观测工作面开采过程中缺陷构造围岩形变的实际测量了结果，可以反映缺陷构造失稳活化程度。

图 6.30 为缺陷构造失稳至突水破坏过程变化示意图，包含 3 个监测数据点，应变随时间变化过程可以分为 4 个阶段：Ⅰ构造反应期；Ⅱ构造反应期；Ⅲ构造活化期；Ⅳ构造失稳破坏期。如图 6.30 所示，应变曲线变化特征与应力变化特征相似，即稳定期平稳不变，反应期内出现平稳波动，活化期出现剧烈波动，因此可知，活化期表现出剧烈的波动预示缺陷构造即将发生失稳突水，应予以警报。

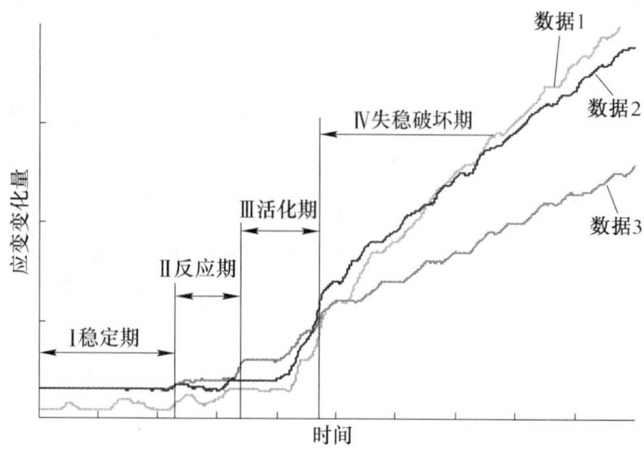


图 6.30　应变变化示意图

C 声发射特征

由室内试验声发射监测结果可知，声发射事件的数量、能量和幅值均能反映岩体内裂隙的开裂和扩展程度，这些裂隙的产生成为能否形成突水通道发生的必要条件。因此通过对缺陷构造围岩不同区域内声发射特征可以掌握缺陷构造活化是否波及完整岩层，结合对声发射特征变化的分析进而对区域突水的可能性作出评价。

由缺陷构造失稳至突水破坏过程中声发射事件数量变化示意图（见图 6.31）可以清晰地看出，岩体声发射事件的产生过程可以分为 4 部分，依次为缺陷构造稳定期、反应期、活化期和失稳破坏期。活化期声发射事件数量连续产生，持续时间较长且数量远大于稳定期和反应期，因此可以将活化期声发射特征作为构造活化突水预警信息。

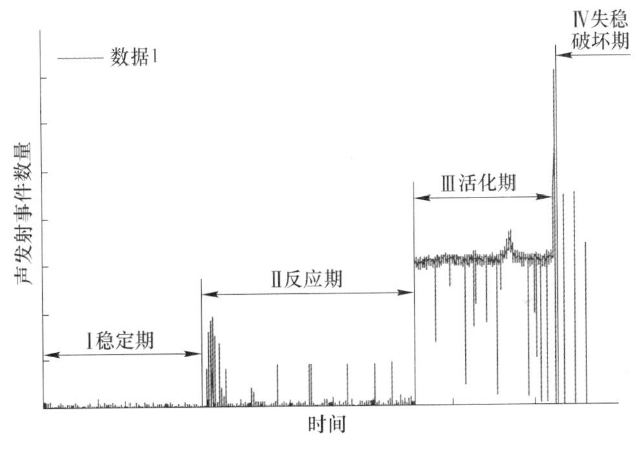


图 6.31 声发射事件数量变化示意图

### 6.5.2.2 缺陷构造活化突水监测预警方法

利用可行的监测手段获取突水通道形成和发展过程中具有代表性的物理参数信息，可实现对缺陷构造活化破坏突水进行预测。岩体监测中的应力、应变和声发射状态反映了缺陷构造围岩破坏以及导水性能的变化状况，因此可以通过对这三项监测数据的综合分析，开展对构造突水预测预报[219]。

由文献［1］可知，底板突水监测系统由地面中心站、井下分站、传输电缆和钻孔传感器等硬件以及相应应用软件组成。地面中心站由中心计算机及突水判别软件处理系统组成，井下分站、信号传输电缆和传感器等硬件放置在井下。由上文可知传感器有 3 种，包括应力、应变、微震等传感器，分别埋设于井下的监测钻孔中，钻孔传感器的布置方式如图 6.32 所示。每个监测孔安装应力、应变和微震传感器各一个，传感器安装顺序自下而上依次为微震传感器、应力传感器和应变传感器，3个传感器利用水泥浆封闭在钻孔中，如图6.32所示。

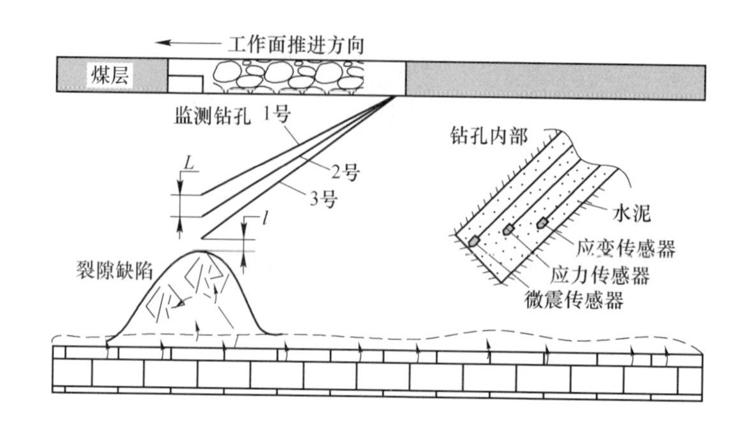


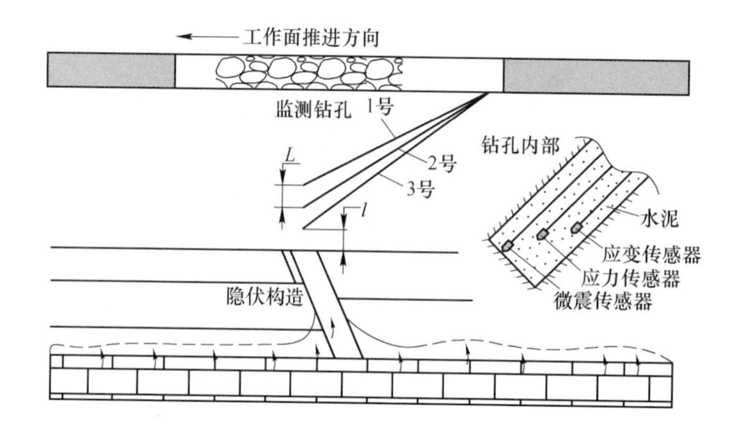


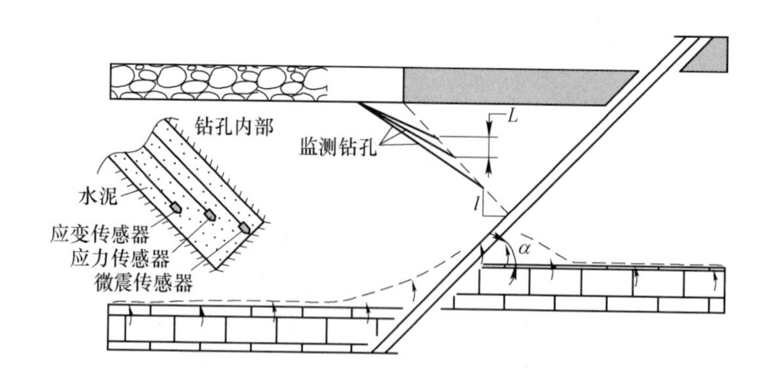


图6.32　部分缺陷构造传感器布置示意图

布置传感器之前首先在上下巷与切眼形成后，利用井下坑透、直流电法与音频透视等综合物探方法对工作面下伏奥灰含水层富水地段与缺陷构造进行探查，然后施加钻探进行验证构造空间分布状况。部分类型的缺陷构造传感器布置方式如图 6.32 所示，每组监测系统由 3 个钻孔组成，3 个钻孔端部垂直距离为 $L$，钻孔端部距离缺陷构造的垂直距离为 $l$，其中 $L$、$l$ 由开采时间、开采强度、距监测站距离和缺陷构造特征等因素有关。根据各传感器监测实时变化曲线，分辨出构造活化期数据变化特征，进而进行预报预警。

### 6.5.3 缺陷构造注浆加固方法

缺陷构造导通高压水水源是煤矿开采过程中常见的突水类型，由于缺陷构造赋存特征，往往短时间内造成严重灾害。结合室内岩石试验和物理模拟试验的结果可分析出针对缺陷构造突水较为有效和直接的治理方法。缺陷构造注浆封堵的方法大致可以分为两种：（1）封堵缺陷构造，即利用高压注浆钻孔将浆液注入缺陷构造内，加固缺陷构造阻止构造活化突水；（2）封堵突水裂隙，针对监测预警结果，将缺陷构造围岩完整部分因协同化破坏产生的裂隙进行封堵，推迟构造进入活化期的时间，是一种工期短、工艺简单快速经济的治理方法。前者布置注浆钻孔的原则是，在缺陷构造清楚的情况下，直接对有可能发生活化的构造进行布孔注浆封堵；后者为发现构造已经存在活化突水趋势时，通过少量注浆过程实现对构造活化的推迟，保证工作面开采进入安全区域。图 6.33 为对典型缺陷构造注浆封堵过程示意图。早期众多学者在地下工程突水注浆治理方面进行了大量的研究工作[220~223]，因此本书对注浆材料的选择、注浆工艺的选择不再进行过多的叙述。

如果缺陷构造的空间位置及产状探测不清楚时，则需要多布置注浆钻孔和探测钻孔。一般情况下，矿井治理工程和突水探查工程应相互结合，在矿井开采过程中进行突水条件的探测和分析研究，同时依据分析结果不断优化和调整注浆治理方案。这种利用探测和治理相互结合的治理方法一般需要较长的时间，但是可以从根本上杜绝水害事故的发生。本书提出的缺陷构造注浆方案，属于“精确”治理，具有区域性和临时性的特点，同时选择本方案进行矿井治理时需要结合缺陷构造失稳监测预警方法，在合适的时间段进行治理，是一种工期短、工艺简单快速经济的治理方法。

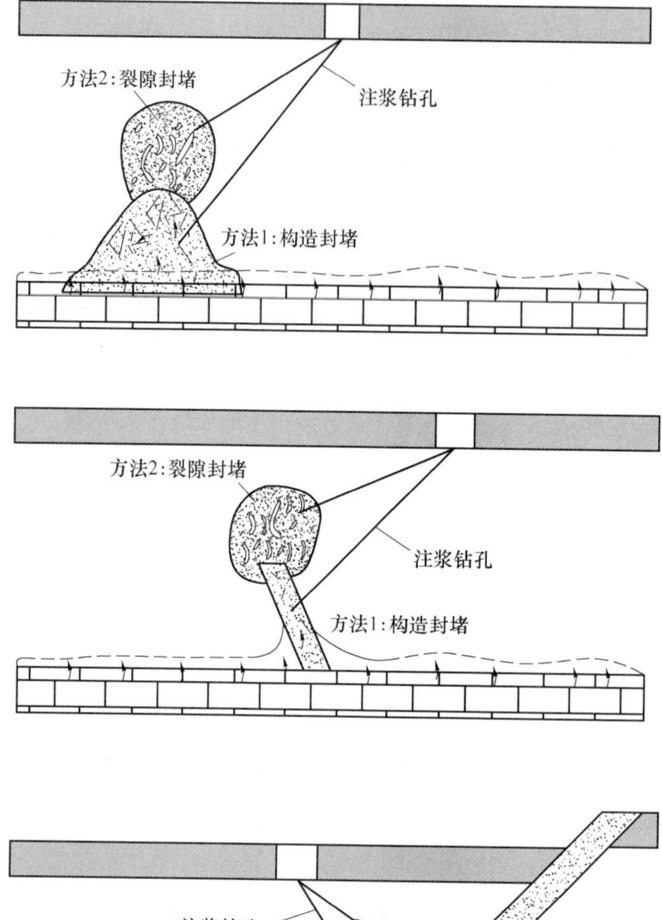


图 6.33　典型缺陷构造注浆封堵过程示意图

# 参 考 文 献

[1] 刘伟韬，申建军．深部开采预防巷道滞后突水技术与实践［M］．北京：科学出版社，2013.

[2] 武强．我国矿井水防控与资源化利用的研究进展、问题和展望［J］．煤炭学报，2014，39（5）：795-805.

[3] 郭惟嘉，张士川，徐翠翠．深部开采底板突水灾变模式及试验应用［J］．煤炭学报，2018，43（1）：219-227.

[4] 王永红，沈文．中国煤矿水害预防及治理［M］．北京：煤炭工业出版社，1996.

[5] 赵铁锤．华北地区奥灰水综合防治技术［M］．北京：煤炭工业出版社，2006.

[6] 陆银龙．渗流-应力耦合作用下岩石损伤破裂演化模型与煤层底板突水机理研究［D］．徐州：中国矿业大学，2013.

[7] Tiwary R K，Dhar B B. Environmental pollution from coal mining activity in Damodar River Basin，India［J］. Mine Water & the Environment，1994，13.

[8] Wang J A，Park H D. Coal mining above a confined aquifer［J］. International Journal of Rock Mechanics & Mining Sciences，2003，40（4）：537-551.

[9] 卜万奎．采场底板断层活化及突水力学机理研究［D］．徐州：中国矿业大学，2009.

[10] 彭苏萍，王金安．承压水体上安全采煤——对拉工作面开采底板破坏机理与突水预测防治方法［M］．北京：煤炭工业出版社，2001.

[11] 赵阳升，胡耀青．承压水上采煤理论与技术［M］．北京：煤炭工业出版社，2004.

[12] 施龙青，韩进．底板突水机理及预测预报［M］．徐州：中国矿业大学出版社，2004.

[13] Ribicic M，Kocevar M，Hoblaj R. Hydrofracturing of rocks as a method of evaluation of water，mud，and gas inrush hazards in underground coal mining［J］. 2012：291-303.

[14] 冶金工业部鞍山黑色冶金矿山设计研究院，张健元，李玉山．国外矿山防治水技术与实践［M］．鞍山：冶金工业部鞍山黑色冶金矿山设计研究院，1983.

[15] Santos C F，Bieniawski Z T. Floor design in underground coal mines［J］. Rock Mechanics & Rock Engineering，1989，22（4）：249-271.

[16] Motyka J，Pulido-Bosch A. Karstic phenomena in calcareous-dolomitic rocks and their influence over the inrushes of water in lead-zinc mines in Olkusz region（South of Poland）［J］. International Journal of Mine Water，1985，4（2）：1-11.

[17] Kuscer D. Hydrological regime of the water inrush into the Kotredez Coal Mine（Slovenia，Yugoslavia）［J］. Mine Water & the Environment，1991，10（1）：93-101.

[18] Sammarco O，Eng D. Spontaneous inrushes of water in underground mines［J］. International Journal of Mine Water，1986，5（3）：29-41.

[19] Sammarco O. Inrush prevention in an underground mine［J］. International Journal of Mine Water，1988，7（4）：43-52.

[20] Mironenko V，Strelsky F. Hydrogeomechanical problems in mining［J］. Mine Water & the Environment，1993，12（1）：35-40.

[21] Bruno M, Dorfmann A, Lao K, et al. Coupled particle and fluid flow modeling of fracture and slurry injection in weakly consolidated granular media [C]. Us Rock Mech. Sym, 2001: 883-890.
[22] Liu S, Liu W, Yin D. Numerical simulation of the lagging water inrush process from insidious fault in coal seam floor [J]. Geotechnical & Geological Engineering, 2017, 35 (3): 1-9.
[23] Zhang S, Guo W, Li Y, et al. Experimental simulation of fault water Inrush channel evolution in a coal mine floor [J]. Mine Water & the Environment, 2017, 36 (3): 1-9.
[24] Zhang S, Guo W, Li Y. Experimental simulation of water-inrush disaster from the floor of mine and its mechanism investigation [J]. Arabian Journal of Geosciences, 2017, 10 (22): 503.
[25] 郭惟嘉，刘杨贤．底板突水系数概念及其应用［J］．河北煤炭，1989，(2)：56-60.
[26] 施龙青．底板突水机理研究综述［J］．山东科技大学学报（自然科学版），2009，28 (3)：17-23.
[27] 阎海珠．利用突水系数指导带压开采的实践［J］．河北煤炭，1998，(4)：28-30.
[28] 张乐中．煤矿深部开采底板突水机理研究［D］．西安：长安大学，2013.
[29] 李白英．预防采掘工作面底板突水的理论与实践［J］．煤矿安全，1988，(5)：18-38.
[30] 沈光寒．矿井特殊开采的理论与实践［M］．北京：煤炭工业出版社，1992.
[31] 李白英．预防矿井底板突水的“下三带”理论及其发展与应用［J］．山东科技大学学报（自然科学版），1999，18 (4)：11-18.
[32] 王经明．承压水沿煤层底板递进导升突水机理的模拟与观测［J］．岩土工程学报，1999，21 (5)：546-549.
[33] 王经明．承压水沿煤层底板递进导升突水机理的物理法研究［J］．煤田地质与勘探，1999，27 (6)：40-43.
[34] 王经明，董书宁，刘其声．煤矿突水灾害的预警原理及其应用［J］．煤田地质与勘探，2005，33 (s1)：1-4.
[35] 王经明，龚乃勤，赵开泉，等．煤层底板突水的自动化监测技术及其应用［J］．煤炭工程，1998，(10)：32-33
[36] 王成绪．底板突水的数值计算方法研究［J］．煤田地质与勘探，1997，(S1)：45-47.
[37] 王成绪，王红梅．煤矿防治水理论与实践的思考［J］．煤田地质与勘探，2004，32 (z1)：100-103.
[38] 施龙青，尹增德，刘永法．煤矿底板损伤突水模型［J］．焦作工学院学报，1998，(6)：403-405.
[39] 许学汉．煤矿突水预报研究［M］．北京：地质出版社，1991.
[40] 李抗抗，王成绪．用于煤层底板突水机理研究的岩体原位测试技术［J］．煤田地质与勘探，1997，(3)：31-34.
[41] 张金才，刘天泉．论煤层底板采动裂隙带的深度及分布特征［J］．煤炭学报，1990，(2)：46-55.
[42] 张金才，张玉卓，刘天泉．岩体渗流与煤层底板突水［M］．北京：地质出版社，1997.
[43] 张金才．采动岩体破坏与渗流特征研究［D］．北京：煤炭科学研究总院，1998.

[44] 王作宇．煤层底板岩体移动的“原位张裂”理论［J］．河北煤炭，1988，(3)：31-33.
[45] 王作宇．煤层底板岩体移动的“零位破坏”理论［J］．河北煤炭，1988，(4)：38-41.
[46] 王作宇．底板零位破坏带最大深度的分析计算［J］．煤炭科学技术，1992，(2)：2-6.
[47] 王作宇，刘鸿泉，王培彝，等．承压水上采煤学科理论与实践［J］．煤炭学报，1994，(1)：40-48.
[48] 王作宇，刘鸿泉．煤层底板突水机制的研究［J］．煤田地质与勘探，1989，(1)：36-39.
[49] 王作宇，刘鸿泉．承压水上采煤［M］．北京：煤炭工业出版社，1993.
[50] 施龙青，宋振骐．采场底板“四带”划分理论研究［J］．河南理工大学学报（自然科学版），2000，19（4）：241-245.
[51] 施龙青，韩进．开采煤层底板“四带”划分理论与实践［J］．中国矿业大学学报，2005，34（1）：16-23.
[52] 钱鸣高．岩层控制的关键层理论［M］．徐州：中国矿业大学出版社，2003：2122.
[53] 钱鸣高，缪协兴，黎良杰．采场底板岩层破断规律的理论研究［J］．岩土工程学报，1995，17（6）：55-62.
[54] 黎良杰，钱鸣高，李树刚．断层突水机理分析［J］．煤炭学报，1996，(2)：119-123.
[55] 黎良杰，钱鸣高，殷有泉．采场底板突水相似材料模拟研究［J］．煤田地质与勘探，1997，(1)：33-36.
[56] Thom，Rene. Stabilite structurelle et morphogenese［M］. Benjamin，1972.
[57] Thom R. Structural stability and morphogenesis［M］. CRC Press，2018.
[58] 尹立明．深部煤层开采底板突水机理基础实验研究［D］．青岛：山东科技大学，2011.
[59] 邵爱军，彭建萍，刘唐生．矿坑底板突水的突变模型研究［J］．岩土工程学报，2001，23（1）：38-41.
[60] 王连国，宋扬．底板突水煤层的突变学特征［J］．中国安全科学学报，1999，9（5）：10.
[61] 中国生，江文武，徐国元．底板突水的突变理论预测［J］．辽宁工程技术大学学报，2007，26（2）：216-218.
[62] 白晨光，黎良杰．承压水底板关键层失稳的尖点突变模型［J］．煤炭学报，1997，(2)：149-154.
[63] 左宇军，李术才，秦泗凤，等．动力扰动诱发承压水底板关键层失稳的突变理论研究［J］．岩土力学，2010，31（8）：2361-2366.
[64] 王凯，位爱竹，陈彦飞，等．煤层底板突水的突变理论预测方法及其应用［J］．中国安全科学学报，2004，14（1）：11.
[65] 武强，解淑寒，裴振江，等．煤层底板突水评价的新型实用方法Ⅲ——基于 GIS 的 ANN 型脆弱性指数法应用［J］．煤炭学报，2007，32（12）：233-238.
[66] 武强，张志龙，马积福．煤层底板突水评价的新型实用方法Ⅰ——主控指标体系的建设［J］．煤炭学报，2007，32（1）：42-47.
[67] 武强，张波，赵文德，等．煤层底板突水评价的新型实用方法Ⅴ：基于 GIS 的 ANN 型、证据权型、Logistic 回归型脆弱性指数法的比较［J］．煤炭学报，2013，38（01）：21-26.

［68］武强，李博．煤层底板突水变权评价中变权区间及调权参数确定方法［J］．煤炭学报，2016，41（9）：2143-2149.
［69］李博，武强．煤层底板突水危险性变权评价理论及其工程应用［J］．应用基础与工程科学学报，2017：500-508.
［70］武强，王洋，赵德康，等．基于沉积特征的松散含水层富水性评价方法与应用［J］．中国矿业大学学报，2017，46：460-466.
［71］武强，李慎举，刘守强，等．AHP 法确定煤层底板突水主控因素权重及系统研发［J］．煤炭科学技术，2017，45：154-159.
［72］卜昌森，张希诚．综合水文地质勘探在煤矿岩溶水害防治中的应用［J］．煤炭科学技术，2001，29（3）：32-34.
［73］汪明武，金菊良，李丽．煤矿底板突水危险性投影寻踪综合评价模型［J］．煤炭学报，2002，27（5）：507-510.
［74］缪协兴，刘卫群，陈占清．采动岩体渗流与煤矿灾害防治［J］．西安石油大学学报（自然科学版），2007，22（2）：74-77.
［75］尹尚先．煤层底板突水模式及机理研究［J］．西安科技大学学报，2009，29（6）：661-665.
［76］李青锋，王卫军．南方煤矿特殊开采条件下的突水机理分析［J］．矿业工程研究，2010，25（2）：25-28.
［77］丁华，徐建文，张海君．浅谈煤矿底板突水机理及防治［J］．山西焦煤科技，2011，35（4）：35-37.
［78］李昂．带压开采下底板渗流与应力耦合破坏突水机理及其工程应用［D］．西安：西安科技大学，2012.
［79］段宏飞．煤矿底板采动变形及带压开采突水评判方法研究［D］．徐州：中国矿业大学，2012.
［80］肖有才．煤层底板突水的“破裂致突、渗流致突”机理与工程实践［D］．徐州：中国矿业大学，2013.
［81］刘再斌．岩体渗流-应力耦合作用及煤层底板突水效应研究［D］．北京：煤炭科学研究总院，2014.
［82］赵庆彪，赵昕楠，武强，等．华北型煤田深部开采底板“分时段分带突破”突水机理［J］．煤炭学报，2015，40（7）：1601-1607.
［83］朱宗奎．底板突水突变机理及模型建构研究［J］．矿业安全与环保，2017，44：34-39.
［84］刘业娇，薛俊华，袁亮，等．软岩底板突水机理分析及数值试验［J］．煤炭学报，2017，42：3255-3261.
［85］翟晓荣，吴基文，张红梅，等．基于流固耦合的深部煤层采动底板突水机理研究［J］．煤炭科学技术，2017，45：170-175.
［86］张鹏．复杂水文地质条件下突水机理研究与危险性评价［J］．能源与环保，2017：109-113.
［87］俞秀宝，江文昌．我国煤矿安全事故原因系统分析与对策［J］．煤炭科学技术，2007，

35（1）：104-108.

[88] 冯恩杰，付民强．东滩矿断层活化对3煤顶板突水的影响［J］．煤田地质与勘探，2004，32（4）：33-36.

[89] 宋卫东，赵增山，王浩．断层破碎带与采准巷道围岩作用机理模拟研究［J］．金属矿山，2004，（2）：11-13.

[90] 代长青，何廷峻．承压水体上采煤底板断层突水规律的研究［J］．安徽理工大学学报（自然科学版），2003，23（4）：6-8.

[91] 武强，周英杰，刘金韬，等．煤层底板断层滞后型突水时效机理的力学试验研究［J］．煤炭学报，2003，28（6）：561-565.

[92] 李晓昭，罗国煜．地下工程突水的富水优势断裂［J］．中国地质灾害与防治学报，2003，14（1）：36-41.

[93] 王经明，吕玲．采矿对断层的扰动及水文地质效应［J］．煤炭学报，1997，（4）：361-365.

[94] 庞荫恒，王良．井陉矿区煤层底板突水综合分析［J］．煤田地质与勘探，1982，（6）：39-47.

[95] 许进鹏，桂辉．构造型导水通道活化突水机理及防治技术［M］．徐州：中国矿业大学出版社，2013.

[96] 王树玉．煤矿五大灾害事故分析和防治对策［M］．徐州：中国矿业大学出版社，2006.

[97] 张启国．谢一矿采煤工作面断层出水机理的分析［J］．科学咨询：决策管理，2007，（11）：35-36.

[98] 尹会永，魏久传，李子林，等．潘西煤矿断裂构造突水机制探讨［J］．山东科技大学学报（自然科学版），2007，26：30-33.

[99] 李加祥．煤层底板“下三带”理论在底板突水研究中的应用［J］．河北煤炭，1990，（4）：12-16.

[100] 王良，庞荫恒，郝顾明，等．采动矿压与底板突水的研究［J］．煤田地质与勘探，1986，（3）：32-38.

[101] 荆自刚，李白英．煤层底板突水机理的初步探讨［J］．煤田地质与勘探，1980，（2）：54-59.

[102] 马锋凯，肖洪天．底板导水裂隙带中含承压水裂隙的力学特性［J］．地质与勘探，2017，53（5）：1010-1016.

[103] 黎良杰．采场底板突水机理的研究［D］．徐州：中国矿业大学，1995.

[104] 黎良杰，钱鸣高，闻全，等．底板岩体结构稳定性与底板突水关系的研究［J］．中国矿业大学学报，1995，（4）：18-23.

[105] 武强，刘守强，贾国凯．脆弱性指数法在煤层底板突水评价中的应用［J］．中国煤炭，2010，36（6）：15-19.

[106] 武强，杨柳，朱斌，等．“脆弱性指数法”在赵各庄矿底板突水评价中的应用［J］．中国煤炭地质，2009，21：40-44.

[107] 谭志祥，周鸣，邓喀中．断层对水体下采煤的影响及其防治［J］．煤炭学报，2000，25

(3)：256-259.

[108] 高延法．底板突水规律与突水优势面［M］．徐州：中国矿业大学出版社，1999.

[109] 施龙青，王永红，尹增德．肥城煤田地质构造与矿井底板突水［C］．岩石力学理论与工程实践，1997.

[110] 张文泉．矿井（底板）突水灾害的动态机理及综合判测和预报软件开发研究［D］．山东科技大学，2004.

[111] 郑纲．煤矿底板突水机理与底板突水实时监测技术研究［D］．西安：长安大学，2004.

[112] 白峰青，姜兴阁，蒋勤明．断层防水煤柱设计的可靠度方法［J］．辽宁工程技术大学学报，2000，19（4）：356-359.

[113] 周瑞光，成彬芳，叶贵钧，等．断层破碎带突水的时效特性研究［J］．工程地质学报，2000，8（4）：411-415.

[114] 刘启蒙．华北型煤矿底板断层突水水文地质分类研究［J］．山西煤炭，2016，36（5）：77-79.

[115] 张周鑫，刘启蒙，刘丽红，等．大断层采动“活化”导水特性研究［J］．中国安全生产科学技术，2014：44-48.

[116] 李利平，李术才，石少帅，等．基于应力-渗流-损伤耦合效应的断层活化突水机制研究［J］．岩石力学与工程学报，2011，(s1)：3295-3304.

[117] 魏久传，刘成林．杨村井田构造特征及其对水文地质条件的控制［J］．山东科技大学学报（自然科学版），1999，(3)：1-5.

[118] 魏久传，郭建斌，张春霞．煤层底板裂隙型突水通道预测［C］．全国矿井地质学术会议，2004.

[119] 冯利军．基于 Rough 集理论的矿井突水规则获取［J］．煤田地质与勘探，2003，31(1)：40-43.

[120] 朱第植，王成绪．原位应力测试在底板突水预测中的应用［J］．煤炭学报，1998，(3)：295-299.

[121] 马凯，白海波，祁静，等．司马煤矿底板断层活化突水机理分析［J］．煤炭工程，2018，50：85-88.

[122] 章子安，伊康，刘建伟．高山煤业工作面底板断层活化机理研究［J］．同煤科技，2017：10-13.

[123] 张培森，颜伟，张文泉，等．含隐伏断层煤层回采诱发底板突水影响因素研究［J］．矿与安全工程学报，2018，35（04）：765-772

[124] 穆文平．北阳庄矿煤层底板断层突水机理与岩溶水疏降水量预测［D］．北京：中国矿业大学（北京），2018.

[125] 贾贵廷，胡宽瑢．华北型煤田陷落柱的形成及分布规律［J］．中国岩溶，1989，(4)：261-267.

[126] 褚志忠，陈丕军．西山煤田西铭井田陷落柱规律及未采区预测［J］．山西焦煤科技，2003，(4)：11-13.

[127] 李振华，徐高明，李见波．我国陷落柱突水问题的研究现状与展望［J］．中国矿业，

2009, 18（4）: 107-109.

［128］贺志宏．双柳煤矿陷落柱发育特征及突水机理研究［D］．北京：中国矿业大学（北京），2012.

［129］张红梅，翟晓荣，吴基文，等．深部煤层采动流固耦合效应下陷落柱突水机理研究［J］．煤矿开采，2017，22：102-105.

［130］张晓峰．综放工作面过陷落柱突水机理及防治技术研究［J］．煤矿现代化，2017：26-28.

［131］黄万朋，袁奇，李超，等．采场底板陷落柱渗流突水数值模拟研究［J］．煤炭技术，2018：（5）．

［132］啜晓宇，滕吉文．强导（含）水隐伏陷落柱底板突水机理研究［J］．地球物理学报，2017，60：430-440.

［133］尹尚先．煤矿区突（涌）水系统分析模拟及应用［D］．北京：中国矿业大学（北京）2003：866.

［134］尹尚先，武强．陷落柱概化模式及突水力学判据［J］．工程科学学报，2006，28（9）：812-817.

［135］尹尚先，王尚旭，武强．陷落柱突水模式及理论判据［J］．岩石力学与工程学报，2004，23（6）：964-968.

［136］许进鹏．陷落柱活化导水机理研究［D］．青岛：山东科技大学，2006.

［137］王家臣，李见波．预测陷落柱突水灾害的物理模型及理论判据［J］．工程科学学报，2010，32（10）：1243-1247.

［138］尹尚先，武强．煤层底板陷落柱突水模拟及机理分析［J］．岩石力学与工程学报，2004，23（15）：2551-2556.

［139］王家臣，杨胜利．采动影响对陷落柱活化导水机理数值模拟研究［J］．采矿与安全工程学报，2009，26（2）：140-144.

［140］李正立，王连国，侯化强．考虑渗流应力耦合关系的陷落柱突水机理研究［J］．地下空间与工程学报，2013，9（5）：1173-1178.

［141］朱万成，魏晨慧，张福壮，等．流固耦合模型用于陷落柱突水的数值模拟研究［J］．地下空间与工程学报，2009，5：928-933.

［142］李连崇，唐春安，左宇军，等．煤层底板下隐伏陷落柱的滞后突水机理［J］．煤炭学报，2009，（9）：1212-1216.

［143］李连崇，唐春安，梁正召，等．煤层底板陷落柱活化突水过程的数值模拟［J］．采矿与安全工程学报，2009，26（2）：158-162.

［144］司海宝．岩溶陷落柱岩体结构力学特征及其突水风险预测的研究［D］．淮南：安徽理工大学，2005.

［145］杨为民，司海宝，吴文金．岩溶陷落柱导水类型及其突水风险预测［J］．煤炭工程，2005，（8）：60-63.

［146］司海宝，杨为民，吴文金．岩溶陷落柱发育的地质环境及导水类型分析［J］．煤炭工程，2004，（10）：52-55.

［147］李见波，许延春．承压水渗流条件下预防陷落柱突水力学模型及应用［J］．中国矿业大学学报，2016，45（2）：217-224.

［148］张文忠．陷落柱突水三维大型模拟实验系统研制及应用［J］．中国矿业大学学报，2016，45（1）：56-61.

［149］张文忠．陷落柱突水三维大型模拟实验研究［J］．太原理工大学学报，2015，（6）：685-690.

［150］刘红岩，吕淑然，邢闯锋，等．宏微观缺陷对岩体力学特性影响规律试验研究［J］．自然灾害学报，2013，22（5）：134-139.

［151］谢和平．岩石混凝土损伤力学［M］．徐州：中国矿业大学出版社，1990.

［152］Swoboda G，Zaki M. Application of damage mechanics to deep tunnels［M］. Springer Vienna，1998：389-399.

［153］梁专明，龚道民，贺友锋，等．软质岩顺层边坡非典型溃屈型滑坡机制初探［J］．自然灾害学报，2010，（6）：31-39.

［154］靖洪文，苏海健，杨大林，等．损伤岩样强度衰减规律及其尺寸效应研究［J］．岩石力学与工程学报，2012，31（3）：543-549.

［155］Brown E T. Strength of models of rock with intermittent joints［J］. Journal of Soil Mechanics & Foundations Div，1970，96（6）：1935-1949.

［156］Brown E T. Modes of failure in jointed rock masses［J］. International Society of Rock Mechanics Proceedings，1970，1.

［157］John K. Civil engineering approach to evaluate strength and deformability of regularly jointed rock［J］，1969.

［158］Einstein H H. Model studies on mechanics of jointed rock［J］. Journal of the Soil Mechanics & Foundations Division，1973，3（3）：229-248.

［159］Chappell B A. Load distribution and deformational response in discontinua［J］. Géotechnique，1974，24（4）：641-654.

［160］张吉宏．综合考虑宏细观缺陷的岩体损伤本构模型及破坏机理研究［D］．西安：长安大学，2014.

［161］Reik G，Zacas M. Strength and deformation characteristics of jointed media in true triaxial compression［J］. International Journal of Rock Mechanics & Mining Sciences & Geomechanics Abstracts，1978，15（6）：295-303.

［162］Prudencio M，Jan MVS. Strength and failure modes of rock mass models with non-persistent joints［J］. International Journal of Rock Mechanics & Mining Sciences，2007，44（6）：890-902.

［163］Kulatilake P H S W，He W，Um J，et al. A physical model study of jointed rock mass strength under uniaxial compressive loading［J］. International Journal of Rock Mechanics & Mining Sciences，1997，34（3-4）：165. e1-165. e15.

［164］杨圣奇，戴永浩，韩立军，等．断续预制裂隙脆性大理岩变形破坏特性单轴压缩试验研究［J］．岩石力学与工程学报，2009，28（12）：2391-2404.

[165] 杨圣奇，温森，李良权．不同围压下断续预制裂纹粗晶大理岩变形和强度特性的试验研究［J］．岩石力学与工程学报，2007，26（8）：1572-1587.

[166] Wang T T，Huang T H. A constitutive model for the deformation of a rock mass containing sets of ubiquitous joints［J］. International Journal of Rock Mechanics & Mining Sciences，2009，46（3）：521-530.

[167] 鞠杨，李业学，谢和平，等．节理岩石的应力波动与能量耗散［J］．岩石力学与工程学报，2006，25（12）：2426-2434.

[168] 刘刚，赵坚，宋宏伟，等．节理密度对围岩变形及破坏影响的试验研究［J］．岩土工程学报，2007，29（11）：1737-1741.

[169] 蒲成志，曹平，陈瑜，等．不同裂隙相对张开度下类岩石材料断裂试验与破坏机理［J］．中南大学学报（自然科学版），2011，42（8）：2394-2399.

[170] 张平，贺若兰，李宁，等．不同应变速率下非贯通裂隙介质的单轴抗压强度分析［J］．岩石力学与工程学报，2007，26（01）：2735-2742.

[171] 张波，李术才，张敦福，等．含充填节理岩体相似材料试件单轴压缩试验及断裂损伤研究［J］．岩土力学，2012，33（6）：1647-1652.

[172] 陈新，廖志红，李德建．节理倾角及连通率对岩体强度、变形影响的单轴压缩试验研究［J］．岩石力学与工程学报，2011，30（4）：781-789.

[173] 刘晓丽，王思敬，王恩志，等．单轴压缩岩石中缺陷的演化规律及岩石强度［J］．岩石力学与工程学报，2008，27（6）：1195-1201.

[174] 韩同春，张杰．考虑含缺陷岩石的声发射数值模拟研究［J］．岩石力学与工程学报，2014，（s1）：3198-3204.

[175] 王学滨，吴迪，赵福成，等．含不同随机缺陷数目岩样的破坏过程、前兆及全部变形特征［J］．地球物理学进展，2009，24（5）：1874-1881.

[176] 张金才，王建学．岩体应力与渗流的耦合及其工程应用［J］．岩石力学与工程学报，2006，25（10）：1981-1989.

[177] 赵延林，曹平，汪亦显，等．裂隙岩体渗流-损伤-断裂耦合模型及其应用［J］．岩石力学与工程学报，2008，27（8）：1634-1643.

[178] 陆银龙，王连国．基于微裂纹演化的煤层底板损伤破裂与渗流演化过程数值模拟［J］．采矿与安全工程学报，2015，32（6）：889-897.

[179] 翟成．近距离煤层群采动裂隙场与瓦斯流动场耦合规律及防治技术研究［D］．徐州：中国矿业大学，2008.

[180] 张勇，张春雷，赵甫．近距离煤层群开采底板不同分区采动裂隙动态演化规律［J］．煤炭学报，2015，40（4）：786-792.

[181] Horii H，Nemat-Nasser S. Brittle failure in compression：splitting，faulting and brittle-ductile transition［J］. Philosophical Transactions of the Royal Society of London. Series A，Mathematical and Physical Sciences，1986，319（1549）：337-374.

[182] 周小平，哈秋聆，张永兴，等．峰前围压卸荷条件下岩石的应力-应变全过程分析和变形局部化研究［J］．岩石力学与工程学报，2005，24（18）：3236-3236.

[183] 周小平，张永兴. 卸荷岩体本构理论及其应用［M］. 北京：科学出版社，2007.

[184] Brown S，Caprihan A，Hardy R. Experimental observation of fluid flow channels in a single fracture［J］. Journal of Geophysical Research Solid Earth，1998，103（B3）：5125-5132.

[185] Zhu W，Wong T F. The transition from brittle faulting to cataclastic flow：Permeability evolution［J］. Journal of Geophysical Research，1997，102（B2）：3027-3041.

[186] Jiuchuan，Zhongjian，Longqing，et al. Comprehensive evaluation of water-inrush risk from coal floors［J］. International Journal of Mining Science and Technology，2010，20（1）：121-125.

[187] 徐智敏. 深部开采底板破坏及高承压突水模式、前兆与防治［J］. 煤炭学报，2011，（8）：1421-1422.

[188] 董东林，孙录科，马靖华，等. 郑州矿区突水模式及防治对策研究［J］. 采矿与安全工程学报，2010，27（3）：363-369.

[189] 李夕兵，贺显群，陈红江. 渗透水压作用下类岩石材料张开型裂纹启裂特性研究［J］. 岩石力学与工程学报，2012，31（7）：1317-1324.

[190] 张士川，郭惟嘉，孙文斌，等. 深部开采隐伏构造扩展活化及突水试验研究［J］. 岩土力学，2015：3111-3120.

[191] 王连国，韩猛，王占盛，等. 采场底板应力分布与破坏规律研究［J］. 采矿与安全工程学报，2013，30（3）：317-322.

[192] Konca A O，Avouac J P，Sladen A，et al. Partial rupture of a locked patch of the Sumatra megathrust during the 2007 earthquake sequence［J］. Nature，2008，456（7222）：631-635.

[193] You P L，Hui W，Qiang C L，et al. Mechanism and application of using engineering defect to prevent and control rock burst［J］. Chinese Journal of Geotechnical Engineering，2017，39（1）：56-61.

[194] Ning C Z. Nanolasers：current status of the trailblazer of synergetics［M］. Springer International Publishing，2016.

[195] Liu G，Long J K，Liu X J，et al. Synergetic principle for roadway stability and its application technique［J］. Journal of China Coal Society，2012，37（12）：1975-1981.

[196] Jin M A，Guo Y S. Accelerated synergism prior to fault instability：evidence from laboratory experiments and an earthquake case［J］. Seismology & Geology，2014，36（3）：547-561.

[197] Shterenberg M I. Synergetics and Biology［J］. Russian Studies in Philosophy，2004，43（2）：75-96.

[198] Yang S Q，Jing H W. Strength failure and crack coalescence behavior of brittle sandstone samples containing a single fissure under uniaxial compression［J］. International Journal of Fracture，2011，168（2）：227-250.

[199] Jin M A，Sherman S I，Guo Y S. Identification of meta-instable stress state based on experimental study of evolution of the temperature field during stick-slip instability on a 5° bending fault［J］. Science China Earth Sciences，2012，55（6）：869-881.

[200] Jordan T H, Chen Y T, Gasparini P, et al. OPERATIONAL EARTHQUAKE FORECASTING. State of Knowledge and Guidelines for Utilization [J]. Translated World Seismology, 2011, 54 (4): 315-391.

[201] Gomberg J. Observing earthquakes triggered in the near field by dynamic deformations [J]. Bulletin of the Seismological Society of America, 2003, 93 (1): 118-138.

[202] West M, Sánchez J J, Mcnutt S R. Periodically triggered seismicity at Mount Wrangell, Alaska, after the Sumatra Earthquake [J]. Science, 2005, 308 (5725): 1144-1146.

[203] 孙熙震，李杨杨，江宁，等．类岩石材料三维裂纹传播规律试验研究［J］．岩土力学，2016，37（4）：965-972.

[204] 张士川，郭惟嘉，徐翠翠．缺陷岩体加速协同化破坏机制及前兆信息辨识［J］．岩土力学，2018，（3）：1-10.

[205] 李银平，王元汉．压荷载下类岩石材料中的锯齿形裂纹分析［J］．固体力学学报，2003，24（4）：456-462.

[206] 赵延林，万文，王卫军，等．类岩石裂纹压剪流变断裂与亚临界扩展实验及破坏机制［J］．岩土工程学报，2012，34（6）：1050-1059.

[207] 张平，李宁，贺若兰．含裂隙类岩石材料的局部化渐进破损模型研究［J］．岩石力学与工程学报，2006，25（10）：2043-2050.

[208] 胡瑞林．黏性土微结构定量模型及其工程地质特征研究［M］．北京：地质出版社，1995.

[209] 谭罗荣．土的微观结构研究概况和发展［J］．岩土力学，1983，（1）：75-88.

[210] 陶纪南，张克利，郑晋峰．岩石破坏过程声发射特征参数的研究［J］．岩石力学与工程学报，1996，15（S1）：452-455.

[211] 杨永杰，王德超，郭明福，等．基于三轴压缩声发射试验的岩石损伤特征研究［J］．岩石力学与工程学报，2014，33（1）：98-104.

[212] 孙文斌，张士川，李杨杨，等．固流耦合相似模拟材料研制及深部突水模拟试验［J］．岩石力学与工程学报，2015，（s1）：2665-2670.

[213] Shen B, Stephansson O, Rinne M, et al. A fracture propagation code and its applications to nuclear waste disposal [J]. International Journal of Rock Mechanics & Mining Sciences, 2012, 41 (3): 448-449.

[214] Shen B, Stephansson O. Modification of the G -criterion for crack propagation subjected to compression [J]. Engineering Fracture Mechanics, 1994, 47 (2): 177-189.

[215] 国家安全生产监督管理总局信息研究院．煤矿防治水规定［M］．北京：煤炭工业出版社，2009.

[216] 张金才．岩体渗流与煤层底板突水［M］．北京：地质出版社，1997.

[217] 许进鹏，桂辉．构造型导水通道活化突水机理及防治技术［M］．徐州：中国矿业大学出版社，2013，67.

[218] 靳德武，刘英锋，冯宏，等．煤层底板突水监测预警系统的开发及应用［J］．煤炭科学技术，2011，39（11）：14-17.

［219］郑纲．煤矿底板突水机理与底板突水实时监测技术研究［D］．西安：长安大学，2004.

［220］梁冰，孙可明，薛强．地下工程中的流—固耦合问题的探讨［J］．辽宁工程技术大学学报（自然科学版），2001，20（2）：129-134.

［221］Shemenda A I. Horizontal lithosphere compression and subduction：Constraints provided by physical modeling［J］. Journal of Geophysical Research Solid Earth，1992，97（B7）：11097-11116.

［222］张杰，侯忠杰．固-液耦合试验材料的研究［J］．岩石力学与工程学报，2004，23（18）：3157-3161.

［223］李树忱，冯现大，李术才，等．新型固流耦合相似材料的研制及其应用［J］．岩石力学与工程学报，2010，29（2）：281-288.

［224］Sun W，Zhang S，Guo W，et al. Physical Simulation of High-Pressure Water Inrush Through the Floor of a Deep Mine［J］. Mine Water & the Environment，2017，（2）：1-8.

［225］Guo W，Zhang S，Wang X，et al. Forecast and application for mechanical parameters of similar material for solid-fluid coupling［J］. Electronic Journal of Geotechnical Engineering，2015，20（15）：6459-6468.

［226］Zhang S，Li Y，Xu C. Application of black box model for height prediction of the fractured zone in coal mining［J］. Geomechanics & Engineering，2017，13（6）：997-1010.

［227］Hu Yaoqing，Zhao Y S，Yang D. 3D solid-liquid coupling experiment study into deformation destruction of coal stope［J］. Journal of Liaoning Technical University，2007.

［228］张士川．深部开采隐伏断层裂隙扩展与活化突水试验研究［D］．青岛：山东科技大学，2015.

［229］陈军涛，郭惟嘉，尹立明，等．深部开采底板裂隙扩展演化规律试验研究［J］．岩石力学与工程学报，2016，35（11）：2298-2306.

［230］陈军涛．深部开采底板破裂与裂隙扩展演化基础试验研究［D］．青岛：山东科技大学，2014.